国家重点研发计划"黄土残塬沟壑区水土保持型景观优化与特色林产业技术及示范"
国家自然科学基金"晋西黄土区水土保持林林分结构与功能耦合机理研究"
山西吉县森林生态系统国家野外科学观测研究站

资助出版

黄土高原低效水土保持林改造

毕华兴　侯贵荣　等　著

科学出版社

北　京

内 容 简 介

本书通过对晋西黄土区四种林分的结构和水土保持功能进行特征分析及综合评价,确定人工刺槐林是黄土高原半干旱半湿润区急需开展林分结构优化的林分类型。在此基础上,本书对低效刺槐林的判别、分类分级、低效成因以及林分结构优化配置进行了系统的研究:通过林分结构和水土保持功能的耦合关系研究,判别并厘定能够提高水土保持功能且可调控的林分结构因子;通过解析结构与功能之间的影响路径及影响强度,量化林分结构因子的调控范围和阈值。

本书主要探索了以林分密度调控为主的低效林林分结构优化技术,成果可为实现黄土区水土保持林林分结构精准调控、空间配置优化提供科学依据和支撑。本书可供生态学、林学、水土保持学等专业研究、管理人员及高等院校相关专业师生参考。

图书在版编目(CIP)数据

黄土高原低效水土保持林改造 / 毕华兴等著. —北京:科学出版社, 2021.3

ISBN 978-7-03-068456-1

Ⅰ.①黄… Ⅱ.①毕… Ⅲ.①黄土高原–低产林改造 Ⅳ.①S756.5

中国版本图书馆 CIP 数据核字(2021)第 050210 号

责任编辑:朱 丽 董 墨/责任校对:樊雅琼
责任印制:吴兆东/封面设计:图悦设计

科学出版社 出版
北京东黄城根北街 16 号
邮政编码:100717
http://www.sciencep.com

北京捷迅佳彩印刷有限公司 印刷
科学出版社发行 各地新华书店经销
*
2021 年 3 月第 一 版 开本:787×1092 1/16
2021 年 3 月第一次印刷 印张:11 1/4
字数:276 000

定价:88.00 元
(如有印装质量问题,我社负责调换)

《黄土高原低效水土保持林改造》

主要参编人员（按姓氏汉语拼音排序）：

毕华兴	崔艳红	侯贵荣	孔凌霄
李永红	马晓至	孙朝升	王 宁
王珊珊	魏 曦	云 雷	云慧雅
张彦勤	张增谦	赵丹阳	周巧稚

学 术 秘 书：侯贵荣

前　言

随着"三北"防护林工程和退耕还林还草工程等林业生态工程的实施，我国于黄土高原建设了大量水土保持林，使黄土高原严重的水土流失现象得到一定程度缓解、生态环境得到了极大的改善。然而，在全球气候暖干化的大背景下，黄土高原现有部分人工林因林分初植密度过大、树种选择不合理、林木生长缓慢、土壤水分亏缺等问题出现了水土保持功能和效益低下甚至少量退化的现象。

对水土流失严重、水资源相对匮乏、生态环境脆弱和社会经济相对落后的黄土高原来说，在增加植被以控制水土流失和改善生态环境的背景下，对现有林进行林分改造成为目前亟待解决的重要问题，尤其是基于林分结构和水土保持功能关系优化的林分结构调控和空间配置优化是其中的关键科学问题和主要技术瓶颈。

目前，虽然有一些较为重要的林分改造理论研究与实践探索，但由于开展低效林林分改造涉及低效林判别、分类、改造等众多科学和技术难题，因此低效林成因机制、林分及其分布特征、低效林调控目标和具体调控技术成为了目前林业生态工程管理中的热点和焦点问题。

本书是在国家重点研发计划"黄土残塬沟壑区水土保持型景观优化与特色林产业技术及示范"以及国家自然科学基金项目"晋西黄土区水土保持林林分结构与功能耦合机理研究"的资助下、依托山西吉县森林生态系统国家野外科学观测研究站研究设施及成果积淀、以山西省吉县为研究对象开展的功能导向型低效林林分改造的理论和实践探索的研究成果。

全书共分 6 章，各章节的逻辑框架组织为：在对国内外水土保持功能导向型低效林改造存在问题与发展趋势梳理（第 1 章）的基础上，针对黄土区典型研究区域（第 2 章）现有林分存在的问题，应用生态学、林学、水土保持学、水文学、森林经理等传统学科的理论以及现代化手段和方法（第 3 章），对黄土高原典型林分结构和水土保持功能特征进行了分析（第 4 章），得出了黄土区低效刺槐林的判别、分类分级及其对应的林分特征和分布特征（第 5 章），进而提出了黄土区低效刺槐林林分结构调控和优化配置的目标、方法和具体技术（第 6 章）。本研究成果旨在实现林分结构精准调控、有效改善和提升区域生态主导功能，发展和完善低效林林分改造的理论和技术，为新时代绿色生态构建和可持续发展提供理论和技术支撑。

本书编委为课题组研究团队以及山西省吉县林业局、吉县红旗国有林场的主要技术骨干和试验示范与推广的一线成员。由于研究时间相对较短，再加上我们的知识水平和实践经验所限，书中纰漏之处在所难免，恳请广大读者批评指正，以便我们在修订时及时更正。

毕华兴　侯贵荣

2020 年 11 月

目　　录

第1章 绪 论

1.1 低效林及低效林改造概述

1.1.1 低效林概念

随着森林质量评价的研究内容不断扩充和加深，逐渐出现了"退化林""低产林""低质林""低效林"等对林分健康状况进行描述的专有名词（Percy et al., 2004；王兵，2016）。在 20 世纪 80 年代，"低效林"首次被提出用于特指我国实施的长江中上游防护林工程体系中的生态效益低下的防护林，其经营目标单指生态效益。随着低效林的研究不断深入和扩展，经济效益低下的防护林也被视为低效林范畴（陈进军等，2009）。当前，关于低效林的概念尚未形成清晰界定，最大的原因是不同的研究区的经营目标不同，防护林判定为低效林的参考依据不尽相同。李铁民（2000）以太行山防护林为研究对象，根据防护林的林分结构、林木个体质量、林分密度、林分郁闭度将低效林划分为残次林、劣质林和低密林三种低效林分类型。曾思齐（2002）则认为低效林是指因森林本身结构不合理或系统组成缺失，生态经济总体效益显著低于经营措施一致、生长正常的同龄同类型林分均值的一类林分。罗晓华（2004）将低效林定义为水源涵养和水土保持效益差的林分。李连芳等（2009）结合生态学和森林培育学理论，认为低效林包括林木单株质量较差，林分生产力整体较低，林分结构配置不合理，未取得相应立地环境下三大效益的目标林分。而另有学者关于低效林的解释有不同的看法，欧阳志云（1999）认为低效林是指由于未能适地适树或经营不当，或受自然和人为因素影响，导致林分生长缓慢、品质差，蓄积量明显低于所在立地条件应有生产力的林分。

国家林业局于 2007 年发布了《低效林改造技术规程》林业行业标准（LY/T 1690—2007），标准中将其内涵概述为："受人为因素的直接作用或诱导自然因素影响，林分结构和稳定性失调，林木生长发育衰竭，系统功能退化或丧失，导致森林生态功能、林产品产量或生物量显著低于同类立地条件下相同林分平均水平总称。"国家林业局于 2010 年在林业行业标准《天然次生低产低效林改培技术规程》（LY/T 1898—2010）中将低效林定义为："在生态公益林中，因自然或人为因素导致生态公益效能低下，林木生长缓慢，质量低劣的森林"。随着我国林业科学研究的深入和不断发展，2017 年国家林业局更新了《低效林改造技术规程》林业行业标准（LY/T 1690—2017），行业标准中对低效林的定义作了新的明确解释："受人为或自然因素影响，林分结构和稳定性失调，林木生长发育迟滞，系统功能退化或丧失，导致森林生态功能、林产品产量或生物量显著低于同类立地条件下相同林分平均水平，不符合培育目标的林分总称"。而标准（LY/T 2786—2017）《三北防护林退化林分修复技术规程》对退化林内涵作了规定："因自然、生理和人为干扰等因素，导致林分生长衰退，林分结构不合理，防护功能下降的人工起源乔木林、灌木林和林带"。

从上述分析来看，所有研究学者和林业行业标准在对低效林下定义时，无论低效林内涵如何变化，都离不开一个核心，即森林生态系统服务功能。低效林和退化林的内涵存在一定区别，但是从最新的林业行业标准来看，二者的概念存在交叉和混淆的现象。从林分的生态功能来说，低效林的生态功能是可恢复的，其变化趋势是一种可扭转的逆演替，通过对现有林分的不合理林分结构进行合理调控后可提升至正常水平，而退化林的生态功能是不可恢复的，其变化趋势是一种不可扭转的逆演替。

1.1.2　低效林质量评价

受人为和自然因素的双重影响，森林生态系统的林分结构和生态功能之间的关系出现不协调现象，而开展森林质量评价即为对森林生态系统服务功能和价值丧失的重要评估工作（White et al., 2018），这是森林生态修复工作的基础，可为林分改造工作提供理论依据，是当前世界范围内受到认同的森林生态修复工作的正确方向和发展趋势（Yazvenko and Rapport 1996; Brudving，2011）。森林生态系统的林分质量评价是森林经营进入现代化、走向国际化的发展道路。基于林分培育目标进行的林分质量评价结果对于制定低效林林分改造政策具有科学、合理且全面的重要指导意义（崔君君，2019）。

国外学者 Costanza 等（1992）最早创建了森林质量评估的合理公式：HI=VOR，Costanza 认为森林系统活力 V、森林系统组织 O 以及森林系统恢复力 R 是表征森林系统质量 HI 的重要影响因素，但该公式过于理论化。Mcpherson 基于森林功能或者结构提出新的森林质量评价方法，对芝加哥森林质量状况进行定量评估（Mcpherson，1993; Mcpherson et al., 1997）。为了应对北美森林质量状况持续恶化的现象，Tkacz 提出建立全国性的监测网络，通过对影响森林质量的主要影响因素进行长期监测来改善、扭转和可持续地发展北美森林（Tkacz et al., 2008）。Cumming 等（2008）从群落结构、碳储量、生态服务功能以及林木的生长状况和病虫害等方面着手，在区域尺度上对美国森林质量进行定性定量评估。Carnegie 等（2007）开展了气候变化下的昆虫和真菌对美国新南威尔士州的森林生态系统质量影响评价，为森林质量评估提供了新的方法。然而，其他研究者发现，短期的观测数据并不能充分和彻底地反映一个地区的森林质量状况，需要长期的监测数据来说明森林质量变化情况。Stan 等（2017）通过对哥伦比亚沿海的黄雪松进行长期观测，对黄雪松森林生态系统开展了森林质量评估。Rogers 等（2008）也通过构建森林监测网对肯尼亚和坦桑尼亚的热带森林进行长期监测，对这个区域的森林生态系统开展了森林质量评价。

在监测指标方面，更多学者发现新的指标可以在一定程度上反映森林生态系统的质量状况，应当被加入到森林生态系统观测指标体系中。Brudving 等（2011）和 Sonam 等（2017）将地衣作为一种新的森林质量指标加入到森林质量评价研究中。Thormann 等（2006）认为除了将地衣被新增列入森林质量评价指标体系中以外，应将污染物的监测指标进一步扩充和细化，比如可按照有机污染物和无机污染物进一步扩充和细化。Loehle 等（2016）从生态学和经济学的角度尝试以美国森林为例，开展林分质量评价。Mizoue 等（2017）设计了由天气和摄像机角度与目标树冠重叠率决定的 CROCO 半自动图像分析系统来评估森林质量状况，这大大降低了森林质量监测成本。但有学者对这种半自动化的分析系统提出不同看法。TimWardlaw 等（2008）认为人为管理依然在森林质量监测方面发挥着不可替代的重要作用。在此基础上，更新的信息技术开发和成功集成很快完善了上述不足。Lausch 等（2017）认为当前森林生态系统的质量评估工作很多是基于专家判断，具有主观性侧重的倾向。Dash 等（2017）和 Michez 等（2016）利用卫星技术和无人机的多时遥感和超空间影像数据对森林生态系统质量状况开展研究，较大程度上降低了人为主观性的影响。同样，Nowak 等（2016）结合 1999 年、2001 年和 2009 年的样地数据对锡拉库扎市的森林生态系统质量状况在时间尺度的变化情况进行详细分析，Assal 等（2016）将干旱指数用于森林生态系统质量评价中，开展了干旱条件影响下的森林生态质量评估研究，两则案例均在研究方法上进行改良，最大限度地降低了人为主观性的影响，大大提高了森林质量评价的精确性。

在森林质量研究领域，与国外研究相比，我国开展森林质量评价研究工作起步较晚。目前，我国在森林质量方面还没有形成适用性强的研究理论和方法。在这个探究过程中，我国众多林业研究学者针对不同地区的森林开展研究，试图完善我国森林质量研究内容。谷建才等（2006）的研究结果表明健康的生态系统只有结构完整、系统相对稳定，才能够充分实现它的生态过程和生态功能，并维持系统的可持续性。可见，保证森林结构和系统的稳定对于森林生态系统的生态功能的稳定性维持具有重要的现实意义。林分结构决定林分的生态功能，陈嘉杰等（2012）选取垂直结构、物种丰富度和多样性指数等 16 个指标对中山市不同林分类型开展了森林质量评估。王前等（2014）采用模糊综合评判法就林分稳定性（如树种组成等）、林分质量（如蓄积量等）和林地质量（腐殖质厚度、土壤厚度、土壤侵蚀度和坡度）三个方面选取了 11 个指标对北京八达岭国家森林公园开展了森林质量评价，并且对森林质量进行等级评定，他们认为北京八达岭国家森林质量等级为中等，并且建议通过提高生物多样性和群落层次稳定性来判定园区森林向健康的方向发展。杨春雪等（2016）利用 GIS 的空间分析功能对福建省将乐林场森林的选取空间指标（坡度、树木活力、海拔、坡向、与防火道距离和可及度）和属性指标（土壤厚度、树种组成指数、起源、群落结构、郁闭度、优势树种、平均蓄积和平均胸径）等 14 个指标进行森林质量状况评价，并制作了森林质量等级图。她们的研究结果表明将乐林场 88.76%的林分处于健康状况，其中优质林比重占到 3.96%，健康林分比重占到 84.80%，亚健康林分比重占到 10.12%，而不健康林分占 1.12%。该研究结果很清晰的表现了福建省将乐林场森林的空间质量分布及其占比，为林分改造提供了直观的参考依据。任成杰（2018）以"植被–土壤–微生物"为新视角，结合生态学 Odum 演替理论，通过分析植被土壤 C、N、P 计量比值与微生物能量代谢的关系分析对森林生态系统的稳定性进行研究，为森林质量评价提供了新的思路。

上述国内外诸多学者分别从不同视角选取不同的生态学指标对森林生态系统功能状况进行定性和定量评估，极大程度地丰富了森林质量评价的研究内容，也积极地推进了森林质量评价的研究工作。从上述国内外关于森林生态系统质量评价研究工作中，我们发现多效益综合经营和多效益主导经营的森林质量评价模式、森林分类经营的森林质量评价模式以及以可持续化发展经营为目的评价模式已成为研究者开展研究的主要初衷。但每种评价方法在研究过程中各有其优点和缺点，可在森林质量评价研究中依据研究者所选取的评价指标进行应对分析。不仅能通过定性的方式对森林质量指标进行描述分析，而且能通过定量的方式对各森林质量指标进行贡献率的计算和分析，或者能在评价研究中将复杂的指标进行降维处理，使得森林质量评价研究在保证其有效信息不丢失的情况下能最大限度地简化其评价过程，实现森林质量评价简单易用而且快捷高效。但每种评价方法具有其本身的数学特性，亦存在各自的局限性，因此，森林质量指标的选取往往决定了评价方法的选择，也进一步决定了评价结果的准确性。以往研究中常用的森林质量评价包括主成分分析法（王洪成，2016）、层次分析法（李建军，2014）、模糊综合评判法（朱宇，2013）、指示物种评价法（Leopold，1997）、人工神经网络法（楚春晖，2015）、健康距离法（聂力，2008）、灰色关联分析法（张晶晶，2010）、多元线性回归法（赵匡记，2014）、指数评价法（Zirlewagen et al.，2007）、聚类分析法（汤旭，2018）、综合指数评价法（许俊丽，2018）。

1.1.3 低效林改造

国内外对困难立地造林技术和低效林改造技术研究已开展不少。生态环境脆弱地区的退化林地往往表现为水分资源收支失衡，土壤含水量持续处于较低水平，土壤干旱，造林密度过大，进而引发林木生长量小，植被生长速度慢，局部区域长期处于疏林状态，水土保持能力较差等现象（王百田，2001）。结合低效林含义，对生态环境脆弱的地区来说，追求造林恢复面积以及造林数量并无较大实际意义，如果根本问题始终未解决，森林生态系统服务功能将得不到充分发挥，除了过度消耗土壤水分资源外，整个森林生态系统的发展和演替最终将陷入恶性循环（Cao et al., 2009; Carles et al., 2015; Zhang et al., 2016; Zhao et al., 2017; Wang et al., 2017; Liu et al., 2020）。国内外学者通过分析林分生态化学计量特征（C、N、P 元素含量及比值）来验证"开窗补阔"措施对低效林的改造具有重要促进作用（Michaels, 2003; Agren et al., 2004; 苏宇等，2019）。探究植物体–凋落物–土壤三者间的关系对提高低效林的管理水平的重要现实指导意义（Güsewell et al., 2005; Niklas et al., 2005）。郭丽玲等（2019）对实施 20%间伐强度和补植措施的低效马尾松林生长和林分碳密度进行分析，其研究结果表明林分改造措施实施 4 年后，林分结构发生显著变化，林木平均胸径和平均单株材积生长比对照样地可分别提高 77.78%和109.68%，乔木层和林下植被层碳密度显著减少，而土壤层的碳密度则表现为相反的显著变化趋势。

自新中国成立以来，我国国力发展迅速，随着对林业资源需求量的增加以及生态环境的保护政策逐渐完善，我国相关政府部门对生态问题的重视程度逐年增大，大批的公益林、退耕还林（还草）工程很快在全国各地因地制宜地开展（Cheng et al., 2014; Wang et al., 2016; Mei et al., 2018）。比如在黄土高原地区开展日援造林一期和二期生态恢复工程。但迫于初造林时期的种植技术不足和整地方式的缺陷，已恢复的森林生态系统中存在部分林业资源质量较低，生态效益和经济效益表现不佳的现象。基于此现象，对以往的研究成果进行综合分析和整合，先前研究者的研究结果表明低效林改造工程需要基于目标效益对其评价指标体系和林分改造模式开展深刻研究方能制定一套高效、系统和科学的改造方案。更准确来说，低效林改造研究的核心问题有四个：①明确不同区域防护林的生态主导功能，这可为区域低效林改造确定工作基调；②全面且深度分析低效林的成因机制，这将为不同区域低效林的发生和发展变化趋势提供分析依据；③以生态主导功能为导向，制定因地制宜的有效低效林林分措施；④低效林林分改造工程关键在于林分管理人员，不仅对其林业基础知识有要求，更需要其具有过硬的林业管理技术以保证低效林改造工程的顺利实施和有效管护。

低效林改造研究从 20 世纪 50 年代末已引起众多学者关注（Mercer and Miller, 1997; García-Ruiz, 2010; Meng, et al., 2016; Vítková, et al., 2017），自从生态修复在我国掀起热潮以来，大量林业研究人员对不同地区的低效林开展研究，所取得的研究成果为低效林改造提供了重要参考依据。吕勇（2000）认为：①对于已无培养意义或利用价值低的低产林、残败林、林分密度较小的过疏林、林中空地较大的灌草林等林分类型建议采用全面改造模式，一次林分改造面积不超过 5～10 hm²；②对于林分结构单一的低效林建议带状皆伐后采取局部改造模式，然后以乡土树种或速生树种为补植对象，对低效林进行针阔混交改造以提高林分的水土保持功能；③对于林分树种组成复杂，林木生长潜力不一，林分疏密不均但林分郁闭度却很大的林分建议采用抚育改造模式；④对于林木龄级和径级相差较大的过熟林建议采用择伐改造模式；⑤对于困难地形（山脊、山顶、陡坡）条件下的水土保持林和生态公益林的次生林建议施以封禁管理模式。杨宁（2010）通过对衡阳紫色土丘陵坡地自然恢复措施下植被特征及恢复模式进行分析，最后提出低效林的植被恢复模式为：①上坡采用灌草模式；②坡中采用乔灌草模式；③坡下采用经济林果和绿肥牧草模式。但是，从理论上来说，杨宁提出的三种植被恢复模式并无错误或不当，但作者并未对三种植被恢复模式原理进行深度剖析和解释，这是该研究中的不足之处。费皓柏（2016）以湖南省岳阳市福寿国有林场的低效杉木林马尾松林为研究对象开展了低效林评价指标体系和林分改造模式研究，其研究结果表明对低效林的质量评价可以考虑从林分质量、林分立地条件、林分生态功能和森林群落抵抗力等方面来构建低效林质量评价指标体系，其提出了低效林评价模型为：RI（低效林评价指数）$=0.5423\times B_1$（林分质量）$+0.2333\times B_2$（林分立地质量）$+0.1397\times B_3$（林分生态功能）$+0.0847\times B_4$（森林群落抵抗力），最后费皓柏根据不同等级的低效林提出改造模式，但是作者并未厘清林分生态功能与林分结构之间的关系，更未交代如何具体地进行林分改造方可提升其林分生态功能。这是该文中未解决的重要科学问题之一，此外，该文在对目标林分进行低效等级划分时的参照依据或者划分准则并未作清楚交代，因此，总体来看，费皓柏的研究结果对低效林研究提供了具有一定的参考价值的思路，但其研究结果的适用性有待商榷。孙云霞（2019）对北京市延庆区低效林现状及改造技术展开研究，其研究结果认为形成低效林的原因主要包括：①在造林初期缺乏规划设计；②在植被恢复中技术和管理上出现失误；③林分经营目标出现失误；④自然灾害、病虫害的入侵导致林分结构失衡，进而生态功能不能正常发挥。孙云霞认为水分资源的短缺和后期林分管护资金的短缺以及经营管理粗放是林分改造中三大致命问题。其对刺槐、油松、侧柏等为代表的人工纯林表现出的林分密度过大、树种单一和生长衰退等现象提出针改混建议，具体措施为间伐、间株定株、修枝整形、补植（播）、整修和扩大树堰。但其林分改造技术中并未就如何提高生态功能以及生态功能可改善到何种程度做出详细说明，其指出了低效成因的主因，但似乎未实际解决根本问题。李江伟和上官恩华（2019）对江西赣州数百万亩以马尾松为主的低效林进行改造模式研究，其研究结果表明形成低质低效林的原因主要有：①历史原因；②部分林地自然条件较差；③管理模式的粗放经营；④植被生长过程中的各类灾害。该研究认为对低效林进行改造有益于提高森林生态系统的生态功能且对该地区的生物多样性保护和发展具有重要的促进作用，还可以有效提高其抵抗各种灾害的能力。在低效林改造的具体措施建议中，李江伟认为应当重视评价指标体系的基础原则，重视评价指标体系的筛选方式，重视完善评价指标体系，更要重视从树苗的选择、优质的树苗培育措施、尤其是各类灾害对林区的显现和潜在的重要影响来选择恰当的低效林改造模式。

对于困难立地区的植被恢复和林分改造技术，宿以明（2003）认为在植被恢复过程中，对林分的抚育管理应当注重以水分高效利用为目标的林分密度调控及林分结构优化配置技术的研究，确定合理的初植密度，最终提出"栽针留灌抚阔"的林分抚育管理技术。困难立地的植被恢复和林分改造技术提倡优先开展各单项技术的研究集成，最后形成不同困难立地造林配套技术体系。薛建辉等（2003）研究结果表明，退耕还林工程区的植被恢复和林分改造技术应当注重耐旱树种的筛选和引进树种适应性，筛选出具有抗旱抗逆性能力强，不仅可以发挥较优的水土保持功能还可以实现经济价值高的乔灌树种，尤其加强对多用途树种的开发和研究。薛建辉等还指出，在植被恢复和生态重建过程中，可对由不同造林树种在不同造林配套技术条件下的不同植被恢复模式下所维持的林分结构合理性和稳定性、发挥水土保持功能、植物多样性保护功能、土壤养分循环等多方面进行综合评价，制定科学合理的林分改造技术。

周斌（2018）对山西省东北部的五台山林区林分改造效果进行评价分析，对林区内林分现状、低效成因以及改造方式进行阐述。他认为降水少且分配不均、土地沙漠化、造林立地条件较差等恶劣的生态环境造成可成活的树种较少，进而形成林分结构和形式单一化，经营管理不善是形成小老头树的直接因素，也是造成研究区内人工林生态功能低效的主要因素。此外，该研究建议对低效林的改造可采取：①补植改造；②砍伐重植；③平茬复壮；④封育改造等措施。中国林业科学研究院资源信息所王宏研究员（2017）在新修订的《低效林改造技术规程》（LY/T1960—2017）中明确指出对低效林的改造应以不同低效林等级类型、低效成因和经营培育方向进行与功能需求相适应的目标林分为出发点，在对林分现状确定的基础上实施封育、补植、间伐、调整树种、更替和综合改造等具体的林分改造方式和技术措施。

在半干旱半湿润的晋西黄土区，土壤水分亏缺同样是该地区制约退耕还林还草工程可持续发展的主要因素（郭小平等，1998），在刺槐林地除了土壤水分亏缺以外，相关研究结果还表明刺槐林地土壤养分严重不足也是造成"小老头树"和林地退化的主要因素，土壤结构与土壤养分之间存在紧密联系，当土壤肥力不足的时候，林木的生长受根系发育影响较大，林木对水分和养分的利用机制发生紊乱进而抑制林木的正常生长（侯庆春，1991；刘自强等，2016；2017；2018；Liu et al., 2018a；2018b）。在几乎固定的年平均降雨条件下（~500 mm·a^{-1}），如何控制林分密度于适宜区间是保证水分资源合理和高效利用的重要的调控措施，更是该区域人工林稳定和持续正常发挥生态主导功能（水土保持功能）的首要保证（侯贵荣等，2018；Hou et al., 2018; Hou et al., 2019）。因此，以林分密度调控为主的林分结构改造技术，是优化低效林林分结构配置重要调节措施，是实现水分资源和养分资源的合理分配和利用以及改善水土保持功能且持续稳定发挥的核心关键林分改造技术（侯贵荣等，2019；Hou et al., 2020）。

1.2　低效林林分结构与功能关系

1.2.1　林分结构内涵及表达

1949 年以来，我国进行大面积人工林营造以期改善我国生态环境，随着植被恢复的年限不断增加，生态环境改善的效果较为显著。第七次和第八次全国森林资源清查结果表明，我国森林面积的增长主要是由人工林的大面积营造实现的，同时表现出来的栽植树种单一、林分结构不合理、林分抚育管理方式不当直接导致了大部分的人工林处于不同程度的低效状态，甚至退化（王礼先，1998）。森林结构决定森林生态功能，在生态学中，林分结构一直是森林生态系统特征的重要研究内容，亦是恢复生态学和林业工程研究中的热点和难点，基于定量化的林分结构变化规律是开展林分结构配置优化研究的必然趋势（雷相东和唐守正，2002；惠刚盈，2007）。

我国关于林分结构的研究较早，究其内涵而言，虽然众多研究者言辞不同但基本相似。林分结构是指植物个体或群落在水平和垂直两个方向上的组成（Kimmins, 1996；李俊，2012），两个方向上的错综复杂的"结构网"对森林生态系统内的林木生长、生物多样性、动物和微生物群落的发生和发展过程产生了重要的影响（Waltz et al., 2003; Youngblood et al., 2004; Wang et al., 2018; Wang et al., 2019）。随着森林经营的研究不断深入和拓宽，用于定性和定量描述林分结构的指标相继产生并得到广泛运用，通常这些林分结构因子包括林分密度、树种组成、林木年龄、林木胸径、林木树高、林分冠幅、林分层次结构（刘韶辉，2010）。上述林分结构指标在同一单元林分空间内所表现出的分布规律决定该林分抵抗外界变化保护林分能力的高低，即林分结构决定其生态功能。对林分结构的描述从点到线、从线到面、从面到三维、从三维到 n 维的研究和分析在不断深入，其目的是更加立体和形象地模拟林分结构以丰富森林经营理论，这也催促了林分结构空间配置研究（惠刚盈，2007；姚爱静等，2014）。随着"森林空间结构"的产生（Mason and Quine, 1995），森林经营中对森林组成及其属性研究发展得到极大推动（Ferris and Humphrey, 1999），这也为林分结构的研究打开新视野（Pommerening, 2002）。相应地，森林生态系统中林木的分布规律和格局（空间分布格局）（Aguirre et al., 2003）、林木个体间相互竞争的激烈程度（林木竞争指数）以及林分中不同植物间相互共生的混合程度（混交度）被用于阐明森林空间结构的狭义内涵（汤孟平，2010），这些指标主要强调林分树木的空间位置。随着林分结构研究的不断深入，惠刚盈等（2003）认为这种空间结构可决定森林生态系统内物种间的竞争状态以及该林分种群在时间和空间上的结构与功能的协调程度，对森林生态系统的稳定性及未来发展方向具有重要实际价值。Wei 等（2018）研究发现这种空间结构内的各因子间表现出的规律具有一定的独立性也有较高的相关性，可在很大程度上表达各林分群落内植物种在平面和垂直方向上的位置分布关系。林分密度、林木胸径和林木树高等定性结构因子构成了林分非空间结构，这些指标不具备位置坐标属性。在非空间结构研究的基础上，越来越多的学者对空间结构研究给予更多的关注，水平方向上的林分结构（水平结构）以及垂直方向上的林分结构（垂直结构）内容分析也不断被具体化和扩充。就目前研究进展来看，林分物种混交度、林木大小比数以及林分角尺度等结构因子被广泛和成熟地应用于表达林分在水平方向的结构状况，也较好地表达了这些林分物种的间隔程度，此外，随着 Ripleys′K（d）空间分布函数在林分结构研究中不断被扩展运用，其在表达林分物种间的竞争关系取得较好的研究效果（樊登星等，2016）。而林分结构在垂直方向上的研究也在同期得到很大程度上的深入研究，岳永杰等（2009）将林分叶面积指数、林分林层结构指数加入到林分垂直结构方向的研究范畴。森林可持续经营的基础是拥有健康稳定的森林，而一个健康稳定的森林生态系统必然要求具有合理的森林结构，森林结构本身并不是一个可以量化的指标，但森林结构特性能通过一系列森林结构变量来描述，如林分树种组成、林木胸径分布、林木树高分布、林龄分布、林木空间分布格局指数、林木竞争指数、混交度、角尺度、林层指数等。具体如下：

（1）林分树种组成。林分类型及其林下生物多样性特征由组成林分的树种类型在单一配置或者混交配置的情况决定，因此，林分树种组成很大程度上表达了树种组成信息和生物多样性状况。一般研究中，常用物种丰富度指标来描述树种组成，该指标反映的是包括不同地域和林地环境中的林分树种组成信息（Fisher et al., 1943），香浓维纳指数（Shannon-Wiener）、辛普森指数（Simpsons）以及与物种丰富度有关的均匀度指数（PieLou）被用于反映林分生态系统多样性，这些指标也因此被列入生态学范畴（Pitkänen, 1997）。

（2）林木胸径分布。在森林经营中，林木胸径指标被用于表达林分生长的整体直观状况，也是应用于异速生长方程预测林分蓄积量的主要参数之一，一般以径阶的形式表达，为了对林分特征进行准确量化和描述，分径阶直方图（Nishimura et al., 2003）、Weibull分布（Weibull, 1951; Mabvurira et al., 2002）、q 值理论（Goodburn et al., 1998; 李俊，2012）常用来对胸径的频率分布信息进行描述，尤其是林分直径结构模型的研究备受关注。β分布模型（陈学群，1995）、幂数指数方程（牟慧生，2012）、联立方程组法（王香春，2011）、分布概率密度函数（柴宗政，2016）等模型也常被用于描述林分结构的分布表达。

（3）林木树高分布。林木树高指标对林分结构的表达方式类似于林木胸径指标，也是采取径阶的方式，称为高阶。该指标不仅反映了林木直观的生长特征，更是决定林分木材效益（蓄积量和材积量）的关键因素（李俊，2012）。在《测树学》中，特征曲线法（树高分布曲线）及其分布直方图常被借助用于森林林分结构综合分析和标准木选取。在单元林分中，林分结构因子间的影响是同时存在，表现为此消彼长的生长关系（Iwasa et al., 1985）。相互存在，相互制约，共同表达生态结果，比如树高决定树干体积（Holmgren et al., 2003），又如树高决定木材容积和茎密度（Maltamo et al., 2004）。

（4）林龄分布。通常来说，林木的年龄状况决定其所在林分系统的现阶段的生长状况，也反映其所在林分表达的林分生态功能水平高低和生产能力的强弱，更是评价一片林分培育前景的重要参考依据。因此，林龄分布特征主要是对林木年龄分布结构的整体表达。在林学上，直方图分布法、不同概率密度函数（比如 Weibull 分布和 β 分布）是被众多林业研究者青睐的表达效果较好的估计方法。随着科学研究技术的不断创新和研究，林业装备的不断创造和更新，专用于林龄结构的设备（LiDAR）和方法（3S 技术）也得到极大程度提高和研究（Racine et al., 2014）。同林木胸径和林木树高一样，林龄因子亦是表达林分生产力的衡量指标之一，比如林龄可决定森林生态系统地上生产量（Gower et al., 1996）。

（5）林木空间分布格局指数。从森林生态系统的形成，到其不断生长发育直至最后衰落的整个变化过程中，森林生态系统的林木空间分布格局变化特征是对这些发展过程最好的直观反映。关于林木空间分布格局的研究已有不少成熟的分析方法，比如方差均值（Biondi et al., 1994）、Greig-Smith 聚块样方方差分析（徐化成等，1994；Kuuluvainen et al., 2002）、距离法（最近邻体分析和空间统计）（李俊，2012）、聚集指数（R）（Petrere，1985; Kubota, et al., 2007）、点格局分析法（樊登星等，2016）等。这些研究方法在林木空间分布格局的研究中已经被广泛采用。

（6）林木竞争指数。在森林生长过程中，随着林木个体的发育，其对水分资源、养分资源以及光照等多项生长必须物质的竞争强度也逐渐越演越烈，而林木竞争指数便是表达相同立地环境中林木个体间对于生存所需物质进行争夺状况的特征反映（Holmes and Reed, 1991）。林地环境因子在水分、养分、光照等主要因素影响下随时发生着物质和能量的交换和循环，互为补充资源、互为消耗途径。Brown（1965）认为当林分生长发育至郁闭时，可由林木冠幅因子或者存在生长空间竞争的林木构造的 Voronoi 多边形进一步确定，而 Hegyi（1974）认为林木之间存在竞争关系，是因为林木个体大小出现差异，进而表现为林木个体对其所需物质获取不平衡而发生相互掠夺现象，因此，林木大小比数也是反映林木间竞争强弱的结果表现，也是一种较好的林木竞争关系反映。随后，Hegyi 竞争指数在国内外林业研究者的研究中得到广泛推广和应用，Béland 等（2003）以加拿大混交林（短叶松 *Pinus banksiana* Lambert ×加拿大杨 *Populus euramericana* (Dode) Guinier. ×加拿大黄桦 *Betula alleghaniensis*）和纯林（短叶松）为研究对象，通过计算该指数对这两种森林生态系统的林分竞争关系进行表达。而国外学者 Rozas（2015）和 González 等（2018）也通过计算该指数，对气候变化条件下的林分规模和竞争关系变化进行分析，揭示了气候－林龄－水资源的变化对林木生长的关系。

（7）混交度。混交度是指某一种林木在林分中的比例大小，是一种表达树种空间隔离程度的最简便方法，是基于分隔指数提出的，这一指标目前应用已比较广泛（Gadow et al., 2002）。Bettinger 等（2015）、Nouri 等（2017）、Ghalandarayeshi 等（2017）通过计算林分混交度指标对林分木材收获、林分空间结构与林分适宜地理位置分布、林业管理策略制定研究中、实现森林经营与生物多样性保护同时被兼顾，为林业工作者和决策者提供了一种较为合理的森林经营方式。

（8）角尺度。惠刚盈（2007）研究表明林分角尺度作为一种描述林分中林木个体空间较为合理林分结构指标，可对林分分布的均匀性进行整体反映。在森林经营中，在对林分结构进行分析的时候，该指标作为林分结构的重要特征，共同与林分混交度和林木大小比数被用于林分结构的空间表达（Pommerening，2006; Gadow et al., 2002）。先前研究通过对比发现将角尺度用于表达林分空间结构信息的结果与 Ripley's L 指数分析效果相一致（Corral-Rivas et al., 2010）。此外，角尺度也被应用于分析多光谱图像与林分结构参数研究（Ozdemir et al., 2011）、以及林分空间结构多阶分布特征以及空间分布格局分析（王宏翔等，2017；赵中华等，2016），均取得较理想的分析结果。

（9）林层指数。该指标特指林分在垂直方向上的结构复杂程度，虽然不同于林层结构多样，也有别于林层比，但该指标也是多层次交错条件下复层林的较好的量化指标，与其余林分垂直结构指标重要性相当（Ramovs et al., 2003; 吕勇等，2012）。林层指数在森林结构稳定性评价中被用于对林层垂直特征以及林下植被空间结构多样性（曹小玉等，2015）。在林分垂直结构的指标中，同林层指数同样重要且被广泛运用的林分结构指标还有林分叶面积指数（LAI），先前有研究采用该指标对毛竹的纯林和混交林开展空间结构特征分析，结果表明纯林的叶面积指数均小于混交林（明曙东等，2016）。在当前研究进展中，水平方向和垂直方向上的林分结构综合研究也逐渐到学者们的采纳，柴宗政（2016）通过 0 维、1 维、2 维和 3 维的方式对林分水平方向和垂直方向上的结构开展研究，建立不同维度之间的林分结构指标结构模型表达关系，为林分结构综合研究提供了新的研究思路和基础理论。

1.2.2　水土保持功能内涵及表达

一般的，水土保持功能是指林分保护水土资源过程中实施的工程措施、生物措施、农业措施所发挥的综合效益，可保护生态环境和人类社会当前的自然资源，最终促进经济稳定发展（冯磊等，2012）。在森林水文研究中，森林的林分水土保持功能通常是指森林对水分资源的涵养作用（水源涵养功能）、对林地土壤资源的保护和改良作用（保育土壤）以及在地表径流产生和流动过程中防止水土资源流失的拦蓄保护效益（蓄水减沙功能）。余新晓等（2008）研究发现，目前关于森林水文中水土保持功能的研究较多，尤其是关于森林水文中水土保持功能研究内容的报道更是不少。黄土高原因其水土流失严重的特点，该区域内水土保持林生态功能不仅包括常规的涵养水源、保育土壤和蓄水减沙、还应包括生态服务功能（主要为植物多样性保护）（朱朵菊，2018）。

（1）涵养水源功能

涵养水源是水土保持功能中的重要内容，主要通过植被枝叶等器官发挥拦截作用，因此，将大气降雨进行拦截和转蓄，防止水资源流失是所有防护林型基本和重要的生态功能之一。世界上很早就有学者开始对森林的涵养功能开展研究，比如亚洲地区日本、美洲地区美国、亚欧地区俄国关于森林水文的研究均取得较好的研究成果（张宇，2010）。近代以来，我国大量科学研究工作者在森林水文研究领域开展了大量的研究，取得了许多显著成效。综合国内外的研究现状，森林的涵养水源功能集中体现为林冠截留、枯落物蓄水和土壤层持水等三个作用层。

林冠截留。林冠层作为森林植物群落水文效应的第一活动层，大气降水经林冠层重新分配后，一部分降水被林冠截留，一部分穿过林冠层，被枯落物截留，渗入土壤，完成大气降水的循环过程（赵芳等，2016）。林冠截留直接影响到达地表土壤的有效雨量，Bormann（1979）研究表明森林的林冠层在降雨过程中对降雨的截留作用和滞留量具有显著效果，从时间上可对降雨落至地面起到延缓效果，同时对林内降雨将落地面产生地表径流也具有较好的阻滞作用，最终达到减缓甚至防止降雨带来的土壤侵蚀。森林的林冠截留效果不仅与林分类型及其结构存在较大关系，关于森林林冠截留研究已从观测实验进展为模拟实验，Whelan 等（1996）通过模拟实验探究了样地尺度对降雨拦截效果以及穿透雨的空间分布特征。也有研究针对不同林分类型对降雨截留功能和降雨阻滞效果开展了研究（Attarod et al.，2015）。在森林水文研究中，关于林冠截留能力研究的 Gash 模型已得到世界各国水文学者应用于其研究中，该模型将林冠截留将林冠、树干以及附加截留量加以综合考虑，可较为理想地模拟林冠层对降雨的截留量（Gash，1979）。魏曦等（2017）应用 Gash 模型对人工林林冠截留效果进行模拟分析。可见，目前林冠层截持降水模拟研究已经成为森林水文中水源涵养功能研究的热点内容。

枯落物蓄水。枯枝落叶层作为森林植物群落水文效应的第二活动层，对改善土壤性质，增加降水入渗，对保持水土、涵养水源有巨大的促进作用（Ogée and Brunet，2002）。在森林生态系统林地物质转换和能量流动循环过程中，枯落物通过土壤微生物的分解作用可补充土壤有机质含量，作为土壤微生物以及植被的养分与能量的主要来源，枯落物作为能量和物质的转换层，不仅平衡森林生态系统的物质和能量，还可促进其余生态功能的发生和发展，比如森林固碳（Loydi et al.，2014）。已有研究通过跟踪实验将植被凋落物养分归还进行定量表达，证实森林生态系统所需的营养物质有 69%～87%来自枯落物层的分解作用（宋小帅等，2014）。侯贵荣等（2018）对晋西黄土区蔡家川流域内的刺槐林、油松林及其混交林地的枯落物水源涵养功能进行分析，研究结果表明，三种林地中，刺槐油松混交林地枯落物水源涵养功能最优。侯贵荣等（2019）对晋西黄土区蔡家川流域内的不同林分密度（475，900，1575，1850，2525 株·hm^{-2}）的刺槐林地的枯落物水源涵养功能进行综合评价分析，研究结果表明，当林分密度为 1575 株·hm^{-2}时，刺槐林枯落物层能充分发挥其水源涵养功能，而林分密度过高（2525 株·hm^{-2}）或者过低（475 株·hm^{-2}）枯落物发挥水源涵养功能的能力均急剧减弱。为了使刺槐林枯落物水源涵养功能正常发挥，其林分密度应该控制在 1500 株·hm^{-2} 左右。建议现有林分改造中，宜将刺槐林向该密度进行调控。

土壤层持水。土壤是一个天然的存储库，按照森林垂直方向划分，除了林冠和枯落物层外，该层作为第三活动发生场所继续发挥其土壤水文功能，是 SPAC（土壤－植被－大气连续体）系统的主要蓄存库、调节器，直接影响着生态系统的水文调节等过程（余新晓等，2016）。此外，土壤还是复杂的自然综合体，在生态系统的物质循环和能量流动方面起着重要作用（Guendehou et al., 2013）。在土壤水文研究中，土壤物理性质指标土壤含（持）水量常用于描述土壤贮水性能（Wang, 2016）。侯贵荣等（2018）对晋西黄土区蔡家川流域内的刺槐林、油松林及其混交林地的土壤层水源涵养功能进行分析，研究结果表明，土壤有效持水量介于 32.99～81.73 t·hm^{-2} 之间；林地土壤入渗速率与入渗时间呈幂函数关系，研究结果还表明油松刺槐混交林涵养水源能力较高，而油松纯林则较差。建议现有林分改造中，宜将刺槐纯林和油松纯林逐渐向混交林模式改进（Hou et al., 2018; Hou et al., 2019）。

（2）土壤保育功能

造林植被恢复不仅是需要增加林地的植被覆盖度，其根本目的是通过森林生态系统的自我调节对林地土壤环境进行改良，增加土壤透气性、能更大程度补充林地水分资源。此外，通过土壤微生物的生物调节作用增加土壤营养库，增加土地生产力，实现植被的良性发育和生长。如此可见，林地发挥的保育功能主要是对土壤肥力的改良效果，该指标常作为评价林分是否具有促进土壤改良作用以及判断林分是否需要进行改造优化的重要参考依据。常用土壤氮素和磷素（全态、速效态）含量多少，有机物质含量高低作为主要评价依据，而其它微量元素根据评价目标不同适当增加开展研究在土壤学中，国际学者因森林土壤改良措施具有省人力、经济代价低、作用效果显著给予非常高的关注，不仅关注其改良原理，更多的研究对其改良机制也进行了报道。截至目前，关于森林土壤保育功能的研究已有较多开展，夏江宝等（2004）通过选取山地森林为研究对象，以机会成本法为分析方法，对不同林地土壤保育功能及经济效益开展评价分析。唐效蓉等（2005）研究报道了马尾松林对提高土壤质含量以及调节土壤酸碱度等改良方面效果极为显著。还有研究针对不同植被类型（针叶林和阔叶林）和不同植被配置模式（乔木混交、乔×灌草混交）下的土壤保育效果开展分析，结果表明复杂的植被组成和植被类型土壤三大基本元素和有机质均存在显著的改良效果（李少宁等，2008）。

（3）蓄水减沙功能

蓄水减沙是水土保持功能中非常重要的内容之一，尤其在我国黄土高原地区，当谈及生态环境问题，必然离不开水土保持，只有保住水土资源才有发展生产的基本资本。

随着水沙研究的不断发展和完善，越多的衡量指标被采纳用于开展水沙研究在土壤侵蚀原理中详细介绍过，降雨为水土流失提供发生动力，径流的产生为水土流失提供运移通道，输沙模数的大小决定输沙量的多少，已有研究也对上述三个指标开展研究和分析，结果表明这三个指标对流域蓄水减沙效果具有非常好的表达效果（胡传银等，2004）。也有研究通过定点定位观测实验研究，证实了边坡径流和泥沙的泥沙效益受泥沙颗粒形态大小，从发生和迁移过程阐述了蓄水减沙的作用机制（Shuai et al.，2017）；也有研究表明水土流失量的多少还与可移动物质源的多少存在极大的相关性（Nobusawa et al.，2011）；还有研究通过观测实验表明复杂的植被类型和林分结构对防治水土流失效果更佳，具有更好的水土流失抑制效果（Bao，2011）。

（4）植物多样性保护功能

根据水土保持功能的内涵，其重要功能之一就是生物多样性保护功能。植物多样性的基础指标主要为多度和密度、盖度、频度以及重要值，常用香浓维纳指数（Shannon-Wiener）、辛普森指数（Simpsons）以及与物种丰富度有关的均匀度指数（PieLou）进行量化和表达。已有研究结果表明，林分密度对林下植物多样性影响较大，当林下植物多样性指标（物种丰富度、多样性指数、均匀度指数）达到峰值时，适宜的林分密度应该控制为 1717～1867 株·hm^{-2} 之间（吕婧娴等，2010）。还有研究发现，在香樟林中，其林下植物辛普森指数随林分密度增加表现为单峰曲线的变化趋势（刘晓瞳等，2017）。Pitkänen（1997）基于森林结构、植被的丰富度及其不同表示对森林进行分类，对林分结构和地被物的生物多样性之间的关系进行了研究。Nagaike（2003）的研究结果表明林分结构通过影响不抗扰动森林的下层植物物种和抗扰动的树木物种对植物的多样性产生较大影响。Iroshani 等（2014）运用多样性指数、均匀度指数、物种丰富度和多样性指数等生物多样性指标对生态园内生物多样性保护功能展开研究。黄耀（2017）选取黄土高原的油松林为研究对象，对其林下植物多样性开展评价研究，全面揭示林分结构合理性对其林下植物多样性保护的重要意义。

1.3　低效刺槐林改造存在问题与发展趋势

大量的文献研究结果表明刺槐（*Robinia pseudoacacia* Linn.）作为黄土高原地区植被恢复的先锋树种被广泛种植，刺槐林的广泛种植对黄土高原的生态环境恢复和维护具有非常重要的地位（Ficheva et al.，2000）。在美国，刺槐主要在林业方面作为木材材料加工被种植。在匈牙利、希腊等欧洲国家，刺槐主要在农业方面作为饲料加工被种植（宋光，2013）。日本国家主要关注刺槐凝集素，日本研究学者主要对刺槐的基因工程开展研究（茹桃勤等，2005）。刺槐作为非本国源生树种于 20 世纪初被引入中国进行种植（刘荣和王海迪，2015），因其抗旱、耐盐碱、耐瘠薄、生长迅速、萌蘖能力强等优秀植物特性，作

为水土保持防护林体系的主要造林树种被广泛种植来防治水土流失和木材原料生产（徐秀琴等，2006）。刺槐根系的根瘤具有优越的固碳和固氮能力，可增加土壤肥力（Danso et al.，1995）。因此，在年降雨量较少、土壤水分含量较低、土壤养分瘠薄的黄土高原，刺槐作为先锋恢复树种被广泛种植，以期改善恶劣的生态环境，至今已有 30～50 年的栽种历史。关于刺槐与水分、养分关系的研究以及刺槐林水土保持功能低效成因已经开展了相关研究。在黄土高原，水分和养分是限制植被生长和发育的主要因素（宋光，2013）。刺槐由于具有适应性强、生长速度快、繁殖容易等优良特性被选为黄土高原地区进行植被恢复的主要造林树种。自 20 世纪 50 年代起，黄土高原地区营造的刺槐林面积已超过 7 万 hm²（郭小平等，1998），王斌瑞教授（1987）在其研究中指出，吉县因为森林植被覆盖率和人工林占比很低，均仅为 30%左右，将其列为重点建设县开展“三北”防护林建设工程对改善当地生态环境和提高人民经济水平具有重要的生态建设意义，随后，刺槐作为该县主要的植被恢复树种在发挥水土保持功能方面具有重要作用，其种植面积高达 6533.3 hm²，比重可达 39.4%。但由于缺乏抚育管理，林分密度过大而出现林分早衰现象，王斌瑞教授建议通过调整林分密度来改善林分生境和保持合理的林分结构，提高生物量，保证水土保持功能的持续稳定发挥，其提出了合理密度表的应用，建议林分郁闭度应保持在 0.6～0.8 之间，而林分密度应根据胸径径级表查询理论林分密度，最后通过公式：间伐株数=|现有林分密度−合理林分密度|进行林分密度调控。董三孝（2004）对刺槐根系分布、林分密度和林木胸径之间的关系开展研究。常译方等（2015）等对刺槐林地土壤水分动态变化特征进行了分析，其研究发现，刺槐林地土壤水分在年内的变化为四个不同阶段的响应规律，首先随降雨分布规律度过平稳期、当降雨频繁但雨量不均匀时度过波动期、慢慢地进入雨季，受前期的累积和补充，又会度过一段积累期，最后，随着雨季的结束，林地土壤水分又会进入最后的消退期，且该林地土壤水分优于油松林地，其研究结果建议在黄土高原地区可在阳坡种植油松林多于刺槐林，阴坡则反之。孔凌霄等（2018）、王宁等（2019）对不同密度的刺槐林地土壤水分补偿特征进行研究分析，其研究结果表明，在干旱年和平水年，低密度（1300 株·hm⁻²）刺槐林在生长季平均土壤储水量高于高密度（2400 株·hm⁻²）刺槐林大概 6.8 mm 左右。其研究结果表明，将高密度的刺槐林进行林分目的调控至低密度可在保证刺槐林正常生长的情况下大大降低刺槐对土壤水分的过度消耗。Chang 等（2017）对刺槐林地土壤水分模型模拟展开研究。Mei 等（2018）和 Hou 等（2018）对刺槐林地土壤水分对降雨的瞬时响应规律以及林地土壤水分补偿规律开展研究，研究结果表明，土壤水分对降雨强度的响应比较敏感，当刺槐林地深层土壤水分得到补给时，对应的降雨强度至少为 30mm 以上。王力等（2004）、Zhao 等（2017）、Hou 等（2020）认为刺槐林生长出现迟缓、水土保持功能低效与“土壤干层”的出现和林分密度不合理以及气候条件暖干旱化有密切关系。

从近三十年的森林水文和恢复生态学领域研究典型文献来看，较多的科学研究主要集中在不同人工林地土壤物理性质（容重、孔隙度、最大持水量、有效持水量、土壤含水量/储水量、土壤入渗能力等）和土壤化学性质（全氮、全磷、全钾、有机质等），以及林分特征进行对比分析。然而就目前研究结果来看，尚未有机结合林分结构特征和功能特征来开展低效林的确定研究，我们认为以水土保持功能为导向确定急需开展林分改造研究的目标林分，有机结合林分结构特征和功能特征来开展低效林的确定研究可对森林生态系统植被建设和管理提供现实指导意义。

关于低效林林分改造，从已有研究成果分析可知，当前林分改造技术和模式已经取得一定的结果，也集成了相应的技术体系，但是在保持现有人工林水土保持效益不减的基础上集成科学和切实可行的林分改造技术依然是众多科研工作者需要攻克的艰难科学问题。从已有的文献研究来看，在黄土高原地区，基于水土保持功能开展低效林林分结构优化的研究尚未引起足够关注，且在降雨量逐年下降、年平均气温逐渐增加的暖干旱趋势下，如何优化低效林的林分结构以保证现有人工林正常生长和可持续发挥其水土保持功能亦尚不清楚。因此，在开展长时间序列的降雨、气温的变化趋势的基础上，定量化分析低效林林分结构和水土保持功能的耦合关系对于深度揭示低效林形成的发生和发展机制具有重要意义。另外，厘清低效成因机制对指导森林生态系统植被建设也具有重要的指导意义。

由于初期造林技术的限制、林地条件的变化、现有林分不合理的林分结构以及多年来气候变化导致现有林分的主导功能（水土保持功能）出现低效现象。尽管已有不少研究提出中肯的植被恢复或者是林分改造技术指导，但是这些文献几乎都是停留在砍伐、间伐、补植等简单的政策性建议，未对这些措施的具体实施步骤进行清晰表述。此外，绝大部分研究从水量平衡的角度进行适宜林分密度的研究，还有部分研究依据立地类型的划分进行植被配置研究，也有部分研究基于森林的森林服务功能评价的基础上对森林结构配置提出建议。但这些研究方法得出的建议也仅仅停留在政策性上，并未对造林技术进行理论分析，依然没有解决林分结构配置的根本问题。总体上，目前低效林林分改造研究的主要科学和技术问题表现在以下几个方面：①低效林的内涵到底是什么？是否有普适性强的定义或明确的界定？②低效林如何判定？其理论依据为何？③低效林林分改造是否需要按照低效等级制定抚育措施？低效等级该如何划分？其理论依据又为何？④不同研究区其生态主导功能不同，气候和生态环境差异较大，已有的低效林内涵、等级评价标准和抚育措施是否需要进行分区施策？上述这些问题都是低效林改造需要解决的关键问题。

从已有的研究结果来看，黄土高原低效林的出现主要还是因林分结构不合理，但是基于林分结构和功能关系提出的林分结构配置研究目前相对较少，尤其是功能导向型的林分结构配置定向优化的理论和技术研究甚是鲜见报道。为此，我们针对不同低效林等级的低效成因分析结果为基础，开展以水土保持功能为导向的林分结构配置优化理论和技术研究对黄土高原地区低效林的林分改造和水土保持功能的提高具有非常重要的理论和实践意义。

第 2 章　黄土高原及典型研究区概况

2.1　黄土高原概况

2.1.1　地理位置

黄土高原（110°54'～114°33'E，33°43'～41°16'N）是世界最大的黄土沉积区，是我国乃至全球的典型生态脆弱区，同时又是我国的重要能源化工基地。黄土高原西临贺兰山、日月山，东临太行山，北临银山，南临秦岭，海拔 800～3000m。黄土高原总面积为 62.85×10⁴ km²，占全国总面积的 6.58%。由图中可知黄土高原包括山西省和宁夏回族自治区、甘肃省、陕西省的大部分、内蒙古自治区的大部分，青海和河南两省的一小部分，根据最新的中国的行政区划统计结果，黄土高原包括 334 个县级部门。

2.1.2　气候

黄土高原地处中纬度内陆，四周高山环绕，属大陆性季风气候类型。每年受到夏季和冬季季风的影响，雨季很明确。黄土高原气候干旱，冬季干燥寒冷，夏季温暖湿润，雨热同步，属于典型的生态脆弱区和环境敏感区。通常，干燥和寒冷的季风从西北方进入大陆、温暖和湿润的季风从东南方进入大陆。由于沟密度高，高强度暴雨频繁在雨季（6～9 月），再加上黄土侵蚀度高，低植被和过度开采，黄土高原已成为我国水土流失最严重、生态环境最脆弱的地区，也是世界上侵蚀最严重的地区。

2.1.3　水文和土壤

黄土高原地区面积约 62 万 km²，其中典型黄土区 42 万 km²，严重水土流失区 28 万 km²，占区域面积的 45%。1990 年全区土壤侵蚀模数大于 1000t/（km²·a）的轻度以上水土流失面积 45.4 万 km²，其中土壤侵蚀模数大于 1.5 万 t/（km²·a）的剧烈水蚀面积达 3.67 万 km²，占全国同类面积的 89%，局部地区的土壤侵蚀模数甚至超过 3.0 万 t/（km²·a）。河流泥沙含量高达 37.6 kg/m³，是长江的 14 倍，是美国密西西比河流域的 38 倍，是埃及尼罗河的 49 倍。

黄土高原地区土层深厚，土质疏松，水土流失严重，地下水位深达 60m 以上，且蒸发量大于降水量，土壤水分经常处于亏缺状态。土壤干燥化持续发展，最终在土体某一深度范围形成土壤干层，而土壤干层的形成会阻碍土壤上下层水分的交换，同时切断地下水补给途径，几乎不参与土壤-植被-大气传输体中的水循环过程。另外，由于地形、土壤、植被以及气象因素在时空上的变异性，导致了土壤水分时空分布的异质性较大，最终导致"土壤水库"功能减弱、作物减产、植被衰败甚至大规模死亡。土壤水分成为黄土丘陵沟壑区植被生长的主要限制因子。

2.1.4　地貌

黄土高原黄土土层厚度分布从西北向东南、由北而南方向递减。甘肃省境内黄土层厚达 200～300m，陕北省境内厚达 100～150m，晋西厚达 80～120m，晋东南和豫西北 20～80m。黄土由风积而成，结构松散，孔隙很多，下渗力强，易溶蚀崩塌，这些理化特性使它极易受到风雨的侵蚀而形成严重的水土流失。裸露的黄土直接受到雨水和径流的冲刷，其侵蚀模数可达到 10000～20000 t/(km^2·a)，甚至更高，侵蚀强度陡然增加十几到几十倍。

2.1.5　植被

黄土高原地区的人口持续增长和悠久的垦耕史，原始植被已被破坏殆尽，次生和人工植被覆盖率不足 20%，人口密度已远超出国际公认的半干旱地区人口承载上限。黄土高原植被由于气候、土壤以及生物过渡性，黄土高原植被具有明显的特殊性。表现突出的有以下 3 个方面：①典型地带性森林、草原及荒漠植被以残留片断存在，交错分布于陡坡和人迹罕至的山区，耐旱林木多星散分布于各种生境；②物种丰富，但相当数量的物种处于种群分布区边缘，生长发育受到制约；③人工植被建设，建群种选择困难，大部分存在周期性衰退问题，有些群落出现了土壤干层，生长受到限制。

1995～2000 年，生态安全压力风险从黄土高原的西北部边缘区域，逐渐扩展到黄土高原腹地。总体上看，黄土高原生态压力指数从 1995 年的 1.059 上升到 2000 年 1.165，变化幅度较小，2010 年时上升为 2.181，生态压力增幅较大，生态安全问题依然突出。水土流失不仅造成淤塞河道，引发洪水泛滥、农田低产、群众贫困等社会经济问题，而且破坏生物多样性，成为农业可持续发展和社会进步的制约因素。

2.1.6　社会经济

黄土高原区 1995 年生产总值为 2680.16 亿元，至 2010 年生产总值达到 8358.27 亿元。1995 年之前，经济增长率大致在 3%～6%之间的水平，远低于同期全国经济增长水平的 7.5%～10.5%。2003～2005 年经济增速达到了 10.7%～13.8%，其中，2004 年年增长率为 16.1%。1995～2010 年，黄土高原地区总人口年增长率总体呈下降趋势，人口密度呈上升态势。1995 年总人口年自然增长率为 10.2%，至 2010 年达到 5.5%。1995 年黄土高原区总人口数为 9162.77 万人，2010 年总人口达到 10771.93 万人。1995 年人口密度为 145 人/km^2，至 2010 年达到 171 人/km^2。

2.2　山西省吉县概况

2.2.1　地理位置

吉县（110°27'30"～111°07'20"E，35°53'10"～36°21'02"N）位于山西省临汾市境内，与山西省的大宁、乡宁、宜川、蒲县和尧都区等县城相连。已有文献报道吉县四周被石头山、金岗岭、姑射山包围，与黄河相隔，与邻省陕西的宜川县相对。吉县在地理位置上东西走向横跨距离为 62km，而南北的纵向距离为 48km。吉县边界全长 229km，面积达 1776.26km^2，海拔分布在 900～1590 m。

2.2.2　地质地貌

地质上，研究区吉县横跨晋西陆台和燕山西南部，研究区地质构造尤为复杂。土壤厚度较薄的仅为十米左右，而较厚的可达数百米，土壤层以亚砂土为主，地形上，研究区有低山和中山地貌相伴（常译方，2018）。其中，研究区的黄土丘陵区面积统计值为 868.46 km^2、而基岩山区的统计面积达 482.65km^2、地势相当严峻的残塬沟壑区面积统计值也高达 426.15km^2。纵观全县地貌，其东南西北四个方位大致分别属于土石山区和梁峁沟壑区、土石山区和残塬沟壑区、残塬沟壑区、岩山区。

2.2.3　土壤

研究区广泛分布的带状土壤，其类型以褐土为主，几乎覆盖全县（朱金兆，2010）。其中，以山地褐土和褐土两种类型居多，其比例累积超过 75%，而淋溶、碳酸性、粗骨灰性褐土百分占比较少。

2.2.4　气候

吉县的气候类型属于暖温带大陆性季风气候，春天干旱且风大，夏季的吉县降雨最为频繁，秋天小雨较多，冬季较冷且干旱。吉县多年平均气温为 10℃，大于等于 10℃的积温为 3358℃。吉县多年平均风速为 2m·s^{-1}。吉县多年平均降水量为 575.9mm，年内降水分布多集中在夏季和秋季，约占全年降水量的 70%，吉县年潜在蒸发量为 1723.9mm，远大于多年平均降水量，研究区气候整体处于暖干旱状态。

2.2.5　水文

研究区地处黄河中游，所有支流均属黄河水系，根据资料记载研究区内河流多年平均径流量为 $1.25×10^8$ m^3，年平均径流模数为 5.11 $m^3·km^{-2}$，年平均侵蚀量为 0.21 亿 t，年平均侵蚀模数为 11823 $t·km^{-2}$。昕水河、清水河和鄂河流域为主要流域，各自年径流量分别为 $7.91×10^7$ m^3、$5.97×10^7$ m^3、$9.55×10^6$ m^3。而研究区内河流的年径流总量为 $2.58×10^7$ m^3。

2.2.6　植被

研究区境内自然环境优美，森林覆盖率高（～72%），研究区内植物种类也非常丰富，据统计，县内常见的树种 172 个，包括 71 种乡土乔木，其中包括 6 种常绿乔木和 65 种落叶乔木；36 种常见引进绿化乔木；64 种常见乡土灌木，11 种常见引进绿化灌木。主要造林树种为：刺槐（*Robinia pseudoacacia*）、油松（*Pinus tabuliformis*）、侧柏（*Platycladus orientalis*）、华北落叶松（*Larix principis-rupprechtii*）等。灌木主要包括：黄刺枚（*Rosa xanthina*）、胡枝子（*Lespedeza bicolor*）。草本植物主要有：野艾蒿（*Artemisia lavandulaefolia*）、蒲公英（*Taraxacum mongolicum*）等。

2.2.7　社会经济

吉县 2019 年政府工作报告显示，2018 年 8 月 8 日，山西省政府批准吉县退出贫困县，同年 8 月 17 日，国务院扶贫办向社会宣布吉县退出贫困县，如期实现全省率先脱贫摘帽的目标，截至 2018 年底，全县贫困人口仅为 50 人，贫困发生率降为 0.055%。吉县财政分析结果表明，吉县的经济质效持续提升，地区生产总值完成 21.37 亿元，规模以上工业增值完成 5.6 亿元，固定资产投资完成 9.08 亿元，一般公共预算收入完成 1.26 亿元，城乡居民人均可支配收入分别达到 21134 元和 5602 元。另外，吉县的苹果产业、旅游产业、新型工业的发展均稳步推进。苹果产业整合涉农资金 1 亿元，促进贫困果农增收 6000 余万元。

2.3　吉县蔡家川流域概况

2.3.1　地理位置

研究区位于山西省吉县蔡家川小流域（110°27′～111°07′E，35°53′～36°21′N），距山西省临汾市吉县 33km。海拔 800～1600m，面积 38 km²。研究区呈东西走向，主沟长 12.15 km。

2.3.2　气候特征

蔡家川流域气候温和，属大陆性季风气候。根据多年降雨量统计，年最大降雨量 828.9 mm（1956 年），最小年降雨量 277.7 mm（1997 年）。根据降雨等级分类，最常见的降雨类型是小雨，但累积降雨量占总降雨量的比例最小；暴雨数量较少，但累积降雨量占总降雨量的比例最大。

2.3.3　水文和土壤特征

蔡家川流域水系属义亭河一级支流，归昕水河二级支流和黄河三级支流。土壤类型为褐土，黄土母质，土层厚度超过 10 m。研究区域斜坡、梁顶、塬面覆盖了第四季的马兰黄土，黄土母质沉积在沟渠底部，沟坡坡脚为混有红胶土母质的塌积黄土母质。

2.3.4　地貌和植被特征

蔡家川流域上游为石质山地，中游为黄土丘陵沟壑区。山杨（*Populus davidiana*）和栎类（*Quercus*）等天然次生林在流域上游占主导地位，而防护林，天然次生林和农田生态系统在中游占主导地位。防护林的主要树种有油松（*Pinus tabulaeformis*），刺槐（*Robinia pseudoacacia*），侧柏（*Platycladus orientalis*）和华北落叶松（*Larix principis-rupprechtii*）等。主要农作物有玉米（*Zea mays*）、小麦（*Triticum aestivum*）、谷子（*Setaria italica*）、大豆（*Glycine max*）等。

2.3.5　社会经济

蔡家川流域原有 14 个自然村，由于对退耕还林和移民政策的响应，这些村庄逐渐被废弃。目前蔡家川人口稠密的村落有闫家社、刘家坡和南北腰，总人口约 100 人，人均年纯收入仅 1000 元以上，经济非常落后。在县政府大力支持苹果种植政策的帮助下，村民们种植了苹果树，经济收入继续增长（茹豪，2015）。

第3章　低效林改造研究目标、内容和方法

3.1　低效林改造目标

（1）解析低效林林分结构与水土保持功能的关系，提出低效林的判别方法并分类分级，揭示低效刺槐林水土保持功能低效的成因机制。

（2）识别和筛选旨在提高水土保持功能的可调控林分结构因子，量化这些可调控林分结构因子的阈值和调控范围，提出能提高刺槐林水土保持功能的林分结构优化配置。

3.2　低效林改造内容

3.2.1　典型林分结构和水土保持功能特征分析

以晋西黄土区次生林、刺槐林、油松林、刺槐×油松混交林四种典型林分为研究对象，通过对四种林分的林分结构和水土保持功能进行特征分析和综合评价确定需要进行林分结构优化的林分类型，为开展低效林林分结构优化研究提供具有重要现实研究意义的研究对象。

3.2.2　低效水土保持林判别、分类分级及对应林分特征分析

以水土保持功能为导向，应用坐标综合评定法（coordinate comprehensive evaluation method，CCEM）计算低效林的水土保持功能综合指数（soil and water conservation benefits index，SWBI）。通过绘制低效林林分结构因子和水土保持功能综合指数的特征曲线来确定低效林和正常林分的水土保持功能综合指数分界值，应用等差数列的数学方法对低效林水土保持功能综合指数进行等级划分。借助结构方程模型（structure equation model，SEM）分别识别和筛选出影响不同等级低效林水土保持功能低效的主要林分结构因子。选用最为常见的指数函数、威布尔函数、对数正态函数、伽玛函数和正态函数五种概率分布的密度函数对不同等级的低效林主要林分结构因子进行特征分析。通过统计分析、倾向性估计和 Mann–Kendall 趋势检验等分析方法对目标林分土壤养分、土壤水分含量状况、研究区气候条件进行分析，为不同等级低效林水土保持功能低效成因分析和林分结

构优化提供依据。

3.2.3 低效林林分结构优化目标与调控措施

以不同等级低效林主要林分结构因子和水土保持功能指数为基础，通过响应面分析法（response surface method，RSM）构建不同等级低效林林分结构因子和水土保持效益综合指数的多元二次回归模型方程，通过响应关系量化不同等级低效林各主要林分结构因子的阈值和调控范围。在此基础上，通过回归分析（regression analysis）构建各等级低效林林分结构主要因子与林分密度的关系模型方程，探究以调控林分密度为主的低效刺槐林林分结构优化技术，为低效林林分结构优化技术提供依据。

3.3　低效林改造方法

3.3.1　标准样地设置

以晋西黄土残塬沟壑区蔡家川流域为研究区，根据山西省临汾市吉县林业局提供的蔡家川流域林分小班资料为依据，对该流域内刺槐林、油松林、刺槐×油松混交林、山杨×栎类次生林开展林分结构优化研究，确定刺槐林为需要开展低效林林分结构优化的目标林分后，以～500 株·hm^{-2}、～1000 株·hm^{-2}、～1500 株·hm^{-2}、～2000 株·hm^{-2}、～2500 株·hm^{-2} 和～3000 株·hm^{-2} 6 个林分密度为刺槐林样地选择标准，所选取的刺槐林样地尽量覆盖不同坡向（阴坡、阳坡）和不同坡位（坡上、坡中、坡下）等立地因子（图3-1 样地选取示意图），共选取刺槐林样地 195 块（20m×20m），其中包括 6 块土壤水分固定观测的刺槐林样地（图 3-2）和附表。

图 3-1　刺槐林调查样地布设示意图

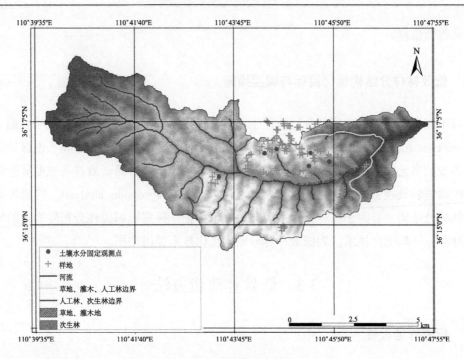

图 3-2　样地布设图

　　在每个样地内上、中、下分别设置灌木、草本和枯落物样方，各自样方规格分别为 5m×5m、1m×1m 的和 30cm×30cm。外业调查期开展于 2017～2019 年的每年 6～9 月，基于连续三年的样地调查获取林分结构数据。在林业调查中按照从上至下的顺序依次对乔木层、灌木层、草本层、枯落物层、土壤层进行调查和测定。乔木层主要对林分密度、树高、胸径、株行距、郁闭度、叶面积指数等多项指标进行调查和测定。灌木层、草本层、枯落物层主要对高度、盖度、厚度、现存量、持水量等多项指标进行调查和测定。土壤层主要对土壤持水量、土壤蒸发量等多项指标进行调查和测定，同时取土样对土壤氮、磷、有机质等肥力指标进行测定。对 6 种林分密度分别取 10 个林地情况相近的刺槐林进行土壤取样，在每个林地的上、中、下分别取点进行土钻取样，土壤取样深度为 4m，按照每 20cm 一层的规格取土样测定林地土壤水分和养分。

　　此外，依托北京林业大学吉县国家生态定位观测站的固定观测设备获取水土保持功能数据，通过补充相关实验装置获取研究内容所需数据。连续三年的林业调查和补充实验数据加上生态站已有基础数据可满足我们的分析要求。

3.3.2　林分结构调查

（1）乔木调查

除了记录基本的样地位置信息外，乔木调查内容主要记录乔木树种、样地内林木总株数以及每株林木的相对位置（x, y）、样地内林木幼苗的更新数量、枯死木和伐倒林木总量。林木胸径采用标准胸径尺进行测定，采用投影法测量郁闭度；用树高仪测定树高和枝下高，通过东西和南北走向对样地内每木进行林木冠幅测定，同时测量样地内的株行距，通过林外和林内取点采用植被冠层分析仪 LAI-2000 来测量林分叶面积指数，在测量过程中应保持仪器处于水平状态，且取点方位一致。

林分密度（株·hm^{-2}）是单位面积内林木株数的总和，通过记录标准样地林木总株数通过面积关系推算公顷级别的林木总株数来反映林分分布特征。林分密度的计算常采用经验公式（3-1）进行计算。

$$N_{林分密度} = \frac{n_{样地林木株数}}{S_{样地面积}} \times 10000 \qquad (3-1)$$

角尺度是分析参照树与其相邻 4 株树木间分布格局的结构指标，其理论取值如图 3-3 所示。采用惠刚盈（2007）提出角尺度计算公式进行各林分角尺度计算，计算公式如下所示（侯贵荣，2017）：

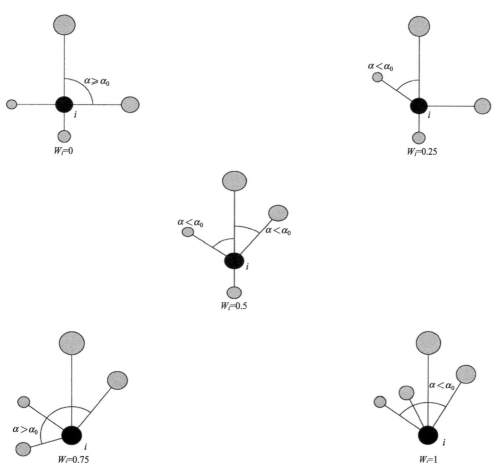

图 3-3　林分角尺度理论取值

$$W_i = \frac{1}{4} \sum_{j=1}^{4} Z_{ij} \tag{3-2}$$

式中，$Z_{ij} = \begin{cases} 1, & \text{当第}j\text{个}\alpha\text{角小于}\alpha_0\text{。} \\ 0, & \text{当第}j\text{个}\alpha\text{角大于}\alpha_0\text{。} \end{cases}$

根据空间单元体内部分布状态，角尺度值有 5 种可能性，即角尺度计算值 W_i=0、W_i=0.25、W_i=0.5、W_i=0.75、W_i=1，说明空间单元体内依次有 4 个、1 个、2 个、3 个 α 角不在标准角 α_0 取值范围内，且是属于小于标准角，同时也说明林木个体分布依次属于很均匀、均匀、随机、不均匀、很不均匀分布状态。

大小比数一般是用于度量林分中林木个体相互间的优劣状况，其理论取值如图 3-4 所示。在以往的研究中通常选用林木胸径、林木树高或者林分冠幅作为反映指标进行大小比数计算（惠刚盈，2007），采用树高因子进行大小比数计算，计算公式如下所示（侯贵荣，2017）：

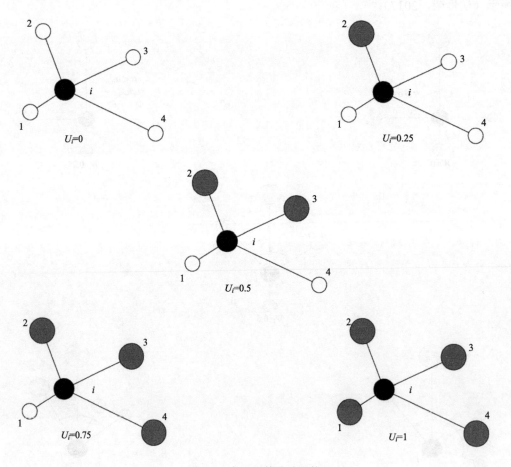

图 3-4　大小比数理论取值

$$U_i = \frac{1}{n} \sum_{j=1}^{n} K_{ij} \qquad (3\text{-}3)$$

式中，$K_{ij} = \begin{cases} 1, & \text{当 } i > j \\ 0, & \text{当 } i < j \end{cases}$，$i$ 为参照树，j 为相邻木。

林木竞争指数反映的是相同立地环境中林分中林木间的竞争程度，常反映为相互间的距离，采用 Hegyi 竞争指数计算公式（3-4）：

$$\text{TCI}_j = \sum_{i=1}^{N} \left(\frac{D_i}{D_j} \right) \times \frac{1}{L_{ij}} \qquad (3\text{-}4)$$

式中，TCI_j 为样地内被调查样株 j 的竞争指数；D_j 和 D_i 分别为样株 j 和竞争木 i 在 1.3m 处的胸径大小；L_{ij} 为样株 j 和竞争木 i 间的距离；N 为 i 的株数。

研究中的典型林分的林层指数（S_i）采用以下公式（3-5）计算（吕勇等，2012）：

$$S_i = \frac{Z_i}{3} \times \frac{1}{n} \times \sum_{j=1}^{n} S_{ij} \qquad (3\text{-}5)$$

式中，当调查林木与参照中心林木位于不同层次时，S_{ij} 取 1；当调查林木与参照中心林木位于相同层次时，$S_{ij} = 0$。（曹小玉等，2015）。

（2）林分结构特征分布分析

选用最为常见的指数函数、威布尔函数、对数正态函数、正态函数和伽玛函数五种概率分布的密度函数对不同等级的低效林主要林分结构因子进行分析（表 3-1），通过 Kolmogorov-Smirnow（K-S）检验筛选模型，确定最适宜的林分结构分布模型。

表 3-1　五种常见概率分布的密度函数

分布	概率密度函数	参数
指数函数	$f(x) = \lambda \exp(-\lambda x)$	λ：尺度参数
威布尔函数	$f(x) = \dfrac{\gamma}{\beta} \left(\dfrac{x}{\beta} \right)^{\gamma-1} \exp\left(-\dfrac{x}{\beta} \right)^{-2}$	γ：形状参数 β：尺度参数
对数正态函数	$f(x) = \dfrac{1}{\sqrt{2\pi}\sigma} \exp\left[\dfrac{-\left(\log(x) - \mu\right)}{2\sigma^2} \right]$	μ：随机变量 $\log(x)$ 的数学期望 σ：随机变量 $\log(x)$ 的标准差
伽玛函数	$f(x) = \dfrac{x^{\alpha-1}}{\beta^{\alpha}\Gamma(x)} \exp\left(-\dfrac{x}{\beta} \right)$	α：形状参数 β：尺度参数
正态函数	$f(x) = \dfrac{1}{\sqrt{2\pi}\sigma} \exp\left[\dfrac{-(x-\mu)}{2\sigma^2} \right]$	μ：随机变量 x 的数学期望 σ：随机变量 x 的标准差

3.3.3 水土保持功能定位监测

黄土高原地区的水土保持功能主要包括涵养水源功能、保育土壤功能和蓄水减沙功能，单一功能对应着多个量化和描述性指标。基于前人研究基础，14项功能因子被用于对水土保持功能进行量化研究（图3-5）。

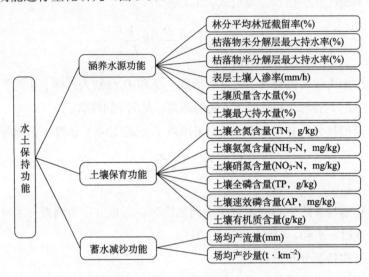

图3-5　水土保持功能及因子组合

3.3.3.1　涵养水源功能测定

（1）林冠截留

林冠层持水能力决定于林冠层结构、林分类型以及叶、枝、树干表面的持水能力（侯贵荣，2017）。我们设计传统的标准枝浸水实验方法对样地内的林分冠层截留能力进行测地。该实验设计为在待测样地内采用测树学中的树高胸径法确定标准木，且于整个冠层的上部、中间位置以及下部剪取标准枝进行称量，然后放入清水中浸泡，浸泡时间为30min，取出标准枝悬挂至其不再滴水，再次称重，依此推算单株林木冠层持水量。

（2）枯落物层持水

在每块样地内于上部、中部、下部设置枯落物样方（30×30cm）进行调查以及样品收集，于室内采用称重法测定枯落物现存量，同时采用烘干法和浸泡法进行枯落物持水量的测定，枯落物各指标计算如下所示。

$$\begin{cases} W_0 = M_1 - M_0 \\ R_m = \dfrac{W_0}{M_0} \times 100\% \end{cases} \tag{3-6}$$

$$\begin{cases} W_1 = M_2 - M_0 \\ R_0 = \dfrac{W_1}{M_0} \times 100\% \end{cases} \tag{3-7}$$

$$\begin{cases} W_m = (R_m - R_0) \times M \\ W = (0.85R_m - R_0) \times M \end{cases} \tag{3-8}$$

式中，W_0 是枯落物最大持水量（g）；R_m 为最大持水率（%）；M_1 是浸泡 24h 后的枯落物质量（g）；M_0 是风干后枯落物的质量（g）；M_2 为样品鲜重；R_0 为自然含水率（%）；W_1 为样品自然含水量（g）；W_m 为最大拦蓄量（t·hm^{-2}）；W 为有效拦蓄量（t·hm^{-2}）；M 为枯落物蓄积量（%）；0.85 为有效拦蓄系数。

研究在每个林地内上、中、下部取点，采取双环法进行土壤入渗能力测定。每个林地作 3 次土壤入渗重复试验，取其平均值进行统计分析。土壤初渗透速率、稳渗速率的计算方法参照中华人民共和国林业行业标准《森林土壤渗滤率的测定》（LY/ 1218－ 1999）（侯贵荣等，2018）。

（3）土壤蓄水

采用"环刀法"和"铝盒法"测定土壤物理性质的测定。在每块样地内挖取 3 个土壤剖面深度为 100cm 的土壤样方，按 0～20cm，20～40cm，40～60cm，60～80cm，80～100cm 土层取样带回实验室对土壤最大持水量、孔隙度、土壤含水量测定。土壤蒸发采取原状土进行土柱称重测定。采用公式（3-9）～（3-11）对土壤有效持水量（Q_0'，t·hm^{-2}）、毛管持水量（Q_c，t·hm^{-2}）和饱和持水量（Q_t，t·hm^{-2}）计算。

$$Q_0' = 10000N_0h \tag{3-9}$$

$$Q_c = 10000N_ch \tag{3-10}$$

$$Q_t = Q_0 + Q_c \tag{3-11}$$

此外，还对植被恢复过程中土壤水分在时间序列和垂直分布的变化特征进行分析。时间序列上土壤水分变化特征。借助 6 个土壤水分观测点的 2005～2019 年土壤水分数据分析其随植被和气候变化的变化规律。

固定土壤水分观测方法：分别于各样地的对角线交叉点布设 TDR 配套管子一根便于定时定点用 TRIME-TDR 土壤水分测定仪读取各样地土壤水分数据，观测时间为 2005 年 1 月至 2018 年 12 月。在相同的观测期内，采用"土钻法"取土壤样品进行烘干称重计算土壤含水量对 TDR 结果校准。TDR 的土壤含水量测定时间为每月的 10 日、20 日和 30 日前后，若遇雨天，在降雨后需加测，测定的土壤深度为 2m，每 20cm 为一层，每个点进行三次仪器读数取平均值。

垂直方向土壤水分分布特征。基于林地调查的基础上，选取林地调查设计的 6 个林分密度各三块，通过人工打手钻测定 0～400cm 土层的土壤体积含水量进行分层观测（每

20cm 一层），按林分密度梯度将所选三个林地土壤水分平均作为该测层的土壤体积含水量，进一步分析不同林分密度土壤水分的垂直分布特征。

3.3.3.2　土壤保育功能测定

在进行土壤蓄水能力测定时取土样带回室内进行土壤肥力指标测定。测定土壤化学性质的土壤是通过手钻获取的土壤样品用于测定深层（0～400cm）土壤化学性质。选取并测定的化学性质指标包括全氮（TN）、全磷（TP）、碱解氮、速效磷、有机质等肥力指标测定。关于土壤有机质含量的测定方法采用的是"稀释热法"，所选用的实验试剂是重铬酸钾。

$$OC\% = \frac{\dfrac{0.2000 \times 6 \times 10}{V_0}(V_0 - V) \times 0.003 \times 1.33}{M_{风干土样重}} \times 100 \tag{3-12}$$

$$SOMC\% = OC\% \times 1.724 \tag{3-13}$$

将各林地所取土样带回室内，按照实验指导手册将土壤样品经过研磨、过筛（0.15mm）、称重、消解处理，按照全自动化学分析仪的上机测定土壤 TN（$g \cdot kg^{-1}$）和 TP（$g \cdot kg^{-1}$）所需标准试剂配置方法进行标准溶液配制，遵循仪器操作规则对土壤样品提取液进行测定，仪器的牌子为"SmartChem-200"（AMS-Westco）。

关于土壤速效态养分指标的测定方法与全态养分指标测定方法类似，将各林地内所取土样带回室内，按照实验指导手册将土壤样品经过研磨、过筛（0.15mm）、称重、浸提。按照全自动化学分析仪的上机测定土壤速效氮（NH_3-N，NO_3-N，$mg \cdot kg^{-1}$）和速效磷（AP，$mg \cdot kg^{-1}$）所需标准试剂配置方法进行标准溶液配制，遵循仪器操作规则对土壤样品提取液进行测定。土壤养分等级划分标准见表 3-2。

表 3-2　全国第二次土壤普查养分等级标准

指标	极高	高	中	低	很低	极低
有机质（%）	≥40	30～40	20～30	10～20	6～10	<6
全氮（$g \cdot kg^{-1}$）	≥2	1.5～2	1.0～1.5	0.75～1.0	0.5～0.75	<0.5
全磷（$g \cdot kg^{-1}$）	≥1	0.8～1	0.6～0.8	0.4～0.6	0.2～0.4	<0.2
速效氮（$mg \cdot kg^{-1}$）	≥149	119～149	89～119	59～89	29～59	<29
速效磷（$mg \cdot kg^{-1}$）	≥39	19～39	9～19	4～9	2～4	<2

3.3.3.3　蓄水减沙功能测定

依托吉县国家生态定位站已有标准径流小区（20m×5m）以及补充的简易径流小区

（10m×2m）对林地径流和泥沙进行观测，根据研究区气候分析结果，选定采用 25L 干净的塑料集流桶对径流和泥沙同时收集，每次降雨过后将集流桶中收集的样品进行过滤将径流和泥沙进行分离，然后采用称重法和烘干法进行泥沙量测定，使用标准量筒（100ml）对集流桶中的水样进行径流量测定。在设置实验时，在径流小区内以及小区外空旷地设置翻斗式雨量计进行林内林外降雨量的测定。

径流量的计算采用公式（3-14）：

$$V_{径流} = \sum_{n>0}^{n=i} V_{量筒} \qquad (3\text{-}14)$$

式中，$V_{径流}$ 为径流体积（m³），n 为量筒称量次数（m），$V_{量筒}$ 为每次量筒的测定体积（m³）。

对每个设置的径流小区的集流桶中的样品混合，使用体积为 500ml 的泥沙取样瓶量取样品带回基地实验室用定量滤纸进行泥沙过滤，对过滤后的滤纸进行烘干（105℃）并称重，记录数据，最后计算泥沙含量。

$$G_{泥沙} = G_{带沙滤纸} - G_{滤纸} \qquad (3\text{-}15)$$

$$\alpha = \frac{G_{泥沙}}{500} \qquad (3\text{-}16)$$

$$M_{总} = 1000 \times \alpha \times V_{径流} \qquad (3\text{-}17)$$

式中，$M_{总}$ 为径流小区泥沙总量（kg），$G_{泥沙}$ 为泥沙样品泥沙量（g），α 为含沙量（g·mL⁻¹）。

由于研究区降雨分布不均匀，实验获取数据因观测设施存在一定的误差，因此，通过文献分析的方法，对研究区内径流量和泥沙量的历史数据进行收集（张建军等，2002），通过插值分析方法对实测数据进行校核。

3.3.3.4　植物多样性保护功能测定

灌木和草本调查：在每块样地内于上部、中部、下部分别选取 1 块灌木样方 5m×5m 和草本样方 1m×1m 进行植物多样性调查，主要包括植物种类、数量、盖度、高度等基本指标调查。

采用多样性指数（Shanno-winner 和 Simpson 指数）；均匀度 Pielou 指数；丰富度指数（S）描述林下生物多样性。公式如下：

（1）多样性指数：

$$\text{Shanno}-\text{winner指数：} S_w = -\sum_{i=1}^{S} P\ln P_i \qquad (3\text{-}18)$$

$$\text{Simpson指数：} S_P = 1 - \sum P_i^2 \qquad (3\text{-}19)$$

（2）均匀度指数

$$Pielou指数：J_D = \frac{1 - \sum P_i^2}{1 - \frac{1}{S}} \tag{3-20}$$

$$Alatalo指数：Ea = \frac{\left[\dfrac{\dfrac{1}{S}}{\displaystyle\sum_{i=1}^{S} P_i^2} - 1 \right]}{\left[\exp(-\displaystyle\sum_{i=1}^{S} P_i \times \ln P_i) \right] - 1} \tag{3-21}$$

上述各式，$P_i = N_i/N$ 为第 i 个物种的相对重要值，N_i 为第 i 个种的重要值，N 为种 i 所在群落的所有物种重要值之和。

（3）丰富度指数

$$Patrick指数：\quad (S) = N \tag{3-22}$$

（4）重要值

$$重要值 = \frac{（相对密度+相对盖度+相对高度）}{3} \tag{3-23}$$

3.3.4 低效林判别及分类分级

3.3.4.1 水土保持功能综合指数计算

坐标综合评定法（coordinate comprehensive evaluation method，CCEM）是将不类型下不同属性评价指标看作共存于相同空间单元体的对象，根据空间多维结构原理计算每个评价指标与标准点的距离，通过比较距离的远近实现直观地排序和比较。

选取刺槐林水土保持功能和植物多样性保护功能作为分析水土保持功能的一级指标，采用坐标综合评定法对刺槐林水土保持功能进行综合评价并计算水土保持功能综合指数。以水土保持功能和植物多样性保护功能为评价准则，选取各自量化指标总计 20 个功能性指标进行刺槐林水土保持效益综合评价，这些功能指标包括：林冠截留（X_1）、未分解层枯落物持水（X_2）、分解层枯落物持水（X_3）、土壤含水量（X_4）、最大土壤持水量（X_5）、土壤入渗速率（X_6）、全氮（X_7）、硝氮（X_8）、氨氮（X_9）、全磷（X_{10}）、速效磷（X_{11}）、有机质（X_{12}）、场均径流量（X_{13}）、场均产沙量（X_{14}）；植物多样性保护功能包括：灌木物种丰富度（X_{15}）、灌木物种多样性指数（X_{16}）、灌木物种均匀度指数（X_{17}）、草本物种丰富度（X_{18}）、草本物种多样性指数（X_{19}）、草本物种均匀度指数（X_{20}）。

其基本步骤：首先对各指标进行无量纲处理，列出原始数据表，以 C_{ij} 表示；其中 i

表示不同密度刺槐林，j 表示不同指标；然后与每一指标最大者 C_j 作比较，组成相对值 c_{ij} "矩阵坐标"，其计算见式（3-24）所示：

$$c_{ij} = C_{ij} / C_j \tag{3-24}$$

下一步是通过计算第 i 个评价对象与中心点的距离，计算见式（3-25）和（3-26）所示；最后求解各处理到中心点距离之和 P；最后按 P 值由小到大进行排序，以综合值大者为最优。

$$z_i = \sqrt{\sum_i (1 - c_{ij})^2} \tag{3-25}$$

$$P = 10 - \sum_{i=1}^{n} z_i \tag{3-26}$$

式中，n 为指标数量，文中 $n=20$。

3.3.4.2 低效林的判定及分类

通过绘制刺槐林林分结构因子和水土保持效益综合指数的特征曲线确定低效林和正常林分的水土保持功能综合指数分界值，这个分界值将刺槐林分为正常林和低效林两大类；应用等差数列对低效林水土保持功能综合指数进行等级划分和确定低效林等级。

通过查阅和借鉴已有文献，将低效林分为轻度低效林、中度低效林和重度低效林三类，假设每种类型的分布区间应该是相同的，林分整体生长状况应该由水土保持功能综合指数在各区间的分布概率来决定较为合理，因此采用等差数列进行低效林等级划分，倘若采用等比数列，则每个等级的分布区间范围不是相同，且越往后其分布区间将成倍数增大，会造成林分评价结果偏高，即高估了林分的水土保持功能。因此，将低效林水土保持效益综合指数集可看作由首项为 b_0，b_1、b_2、b_3 三个数据组成的等差列，该数列的通项公式可写为

$$b_n = b_0 + (n-1) \times d \tag{3-27}$$

因此，有轻度低效林的水土保持效益综合指数介于 $b_0 \sim b_1$ 之间，中度低效林的水土保持效益综合指数介于 $b_1 \sim b_2$ 之间，重度低效林的水土保持效益综合指数介于 $b_2 \sim b_3$ 之间。

3.3.5 水土保持功能低效成因分析

3.3.5.1 土壤水分以及气候变化特征分析

用于分析研究气候变化特征的数据（降水量和空气温度）均从中国气象数据共享服务网站（http://data.cma.cn/）获取，且采用 Mann–Kendall 趋势检验法和线性倾向估计分析方法对数据进行处理和分析，具体包括以下步骤：

（1）去趋势预置白处理

$$X_t' = X_t - T_t = X_t - \beta \times t \qquad (3\text{-}28)$$

$$\beta = \text{median} \frac{x_j - x_i}{j - i} \ \forall j > i \qquad (3\text{-}29)$$

采用下列公式进行显著性检验，上述方程中 R_h 代表自相关系数：

$$R_h = \frac{\dfrac{1}{n} \sum_{i=1}^{n-1} (x_j - c(x_i)) \times (x_{i+1} - c(x_i))}{\dfrac{1}{n} \sum_{i=1}^{n-1} (x_j - c(x_i))^2} \qquad (3\text{-}30)$$

$$c(x_i) = \frac{1}{n} \sum_{i=1}^{n} x_j \qquad (3\text{-}31)$$

$$\frac{-1 - 1.96\sqrt{n-2}}{n-1} < R_h(95\%) < \frac{-1 + 1.96\sqrt{n-2}}{n-1} \qquad (3\text{-}32)$$

采用下列公式对数据的样本序列独立性进行分析：

$$F_t' = X_t' - r_1 \times X_{t-1}' \qquad (3\text{-}33)$$

$$F_t = F_t' + T_t \qquad (3\text{-}34)$$

若分析结果表明数据样本序列是独立的可进行后续分析过程，若不符合，继续对数据进行残余分析以保证新构造的数据为独立变量然后再进行后续分析。

（2）数据变化倾向分析

通过最小二乘法建立变量（土壤水分含量，降水量和气温）与时间的关系进行分析，基于建立的回归方程的回归系数对变量的变化趋势以及变化程度进行估计分析，若系数 $b>0$，则变量呈上升趋势，若系数 $b<0$，则变量呈下降趋势，回归系数 b 的大小反映变量随时间的变化程度大小。

$$x_i = a + bt_i \quad i = 1, 2, \cdots, n \qquad (3\text{-}35)$$

（3）数据趋势 M-K 检验

采用 Mann-Kendall 趋势检验对数据进行时间序列分析和趋势检验，具体计算公式包括：

$$H = \sum_{k=1}^{n-1} \sum_{j=k+1}^{n} \text{Sgn}(x_j - x_k) \qquad (3\text{-}36)$$

$$\text{Sgn}(x_j - x_k) = \begin{cases} +1, & x_j - x_k > 0 \\ 0, & x_j - x_k = 0 \\ -1, & x_j - x_k < 0 \end{cases} \qquad (3\text{-}37)$$

$$\text{Var}(S) = \frac{n(n-1)(2n+5)}{18} \tag{3-38}$$

$$Z = \begin{cases} \dfrac{H-1}{\sqrt{\text{Var}(H)}}, & H > 0 \\ 0, & H = 0 \\ \dfrac{H+1}{\sqrt{\text{Var}(H)}}, & H < 0 \end{cases} \tag{3-39}$$

根据检验和分析结果，若 $|Z| \geqslant Z_{1-\left(\frac{\alpha}{2}\right)}$，数据序列随时间的变化呈明显变化趋势，当 $Z>0$，则变量呈增加变化趋势，若系数 $Z<0$，则变量呈减少变化趋势而数据的显著性趋势检验（90%或95%）可根据正态统计变量进行判定（$\geqslant 1.64$ 或 $\geqslant 1.96$）。

（4）数据突变 M-K 检验

采用 Mann-Kendall 趋势检验对数据进行时间序列分析和突变检验，具体计算公式包括：

$$H_k = \sum_{i=1}^{k} r_i \quad k = 2,3,\cdots,n \tag{3-40}$$

$$R_i = \begin{cases} +1, & x_i > x_j \\ 0, & x_i > x_j \end{cases} \quad j = 1,2,\cdots,n \tag{3-41}$$

$$UF_k = \frac{\left[H_k - \overline{H_k} \right]}{\sqrt{\text{Var}(H_k)}} \quad k = 1,2,\cdots,n \tag{3-42}$$

$$\begin{cases} \overline{H_k} = \dfrac{n(n+1)}{4} \\ \text{Var}(H_k) = \dfrac{n(n+1)(2n+5)}{72} \end{cases} \tag{3-43}$$

根据计算结果判断数据突变点，当 $|UF_i| > U_\alpha$，说明数据变化存在显著变化，反之则无显著变化。假设 $UB_k = -UF_k(x_1, x_2, \cdots, x_n)$，$UB_1 = 0$。

（5）标准化降水蒸散指数

为了更全面和具体地判断研究区气候变化情况，采用标准化降水蒸散指数（standardized precipitation evapotranspiration index，SPEI），该指数考虑了降雨和气温两个气候因素对气候条件的综合影响，避免了标准化降水指数（SPI）未考虑温度影响的缺陷，此外，该指数依然保留帕尔默干旱指数（PDSI）反映气候变化的优势，且适用于尺度较为广泛。在判断气候变化情况时，可参考图3-6干旱阈值标准进行准确分析。

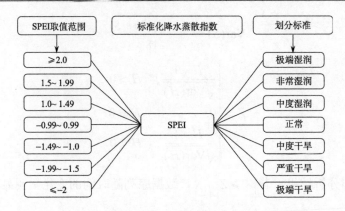

图 3-6　干湿等级划分标准

采用下列公式对标准化降水蒸散指数 SPEI 进行计算：

$$PET = 16\left(\frac{N}{12}\right)\left(\frac{NDM}{30}\right)\left(\frac{10T}{I}\right)m \tag{3-44}$$

$$m = 6.75 \times 10^{-7} \times I^3 - 7.71 \times 10^{-5} \times I^2 + 1.79 \times 10^{-2} \times I^2 + 0.492 \tag{3-45}$$

式中，PET 为月潜在蒸散量，T（℃）为月均温；N 为月平均日照时长；NDM 为各月的天数；I 为热量指数，由下式计算得出。

$$I = \sum_{i=1}^{12}\left(\frac{T_i}{5}\right)^{1.514} \tag{3-46}$$

月水分亏缺量 D_i 计算：

$$D_i = P_i - PET_i \tag{3-47}$$

式中，P_i 为月降水量。

$$X_k^n = \sum_{i=0}^{k-1}(P_{n-i} - PET_{n-i}), \quad n \geqslant k \tag{3-48}$$

式中，n 为序列样本；k 为时间尺度。

采用公式计算水分亏缺量概率分布。

$$f(x) = \frac{\beta}{\alpha} \times \left(\frac{x-\gamma}{\alpha}\right)^{\beta-1} \times \left[1 + \left(\frac{x-\gamma}{\alpha}\right)^{\beta}\right]^{-2} \tag{3-49}$$

计算 SPEI 值：

$$SPEI = \begin{cases} w - \dfrac{c_0 + c_1 w + c_2 w^2}{1 + d_1 w + d_2 w^2 + d_3 w^3} \\ \dfrac{c_0 + c_1 w + c_2 w^2}{1 + d_1 w + d_2 w^2 + d_3 w^3} - w \end{cases} \tag{3-50}$$

$$1-F(x) \leqslant 0.5时, w = \sqrt{-2\ln\left[1-F(x)\right]} \qquad (3-51)$$

$$1-F(x) > 0.5时, w = \sqrt{-2\ln(F(x))} \qquad (3-52)$$

式中，c_0=2.515517，c_1=0.802853，c_3=0.010328，d_1=1.432788，d_2=0.189269，d_3=0.001308

3.3.5.2　结构方程模型

借助 Amois 软件对各低效林林分结构与功能进行耦合分析。SEM 模型的构建以及 Amois 软件的分析步骤如图 3-7 所示：

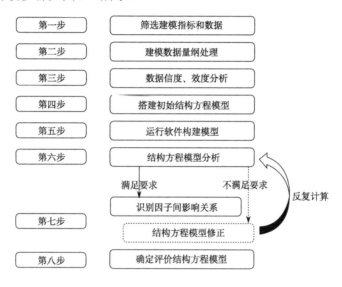

图 3-7　SEM 模型的构建以及 Amois 软件的分析步骤

一般在构建结构方程模型（structure equation model, SEM）时，需要对参与耦合分析的数据进行量纲处理以及对数据的信度和效度进行检验分析，只有当数据满足统计分析要求时方可带入模型进行分析。从 SEM 分析结果对指标变量与评价对象之间的影响路径及强度进行分析，解析和判定直接、间接和总影响。

3.3.6　低效林林分结构优化技术

3.3.6.1　林分结构优化目标分析

响应面分析法（response surface methodology, RSM）是一种快速分析和构建多指标与响应值之间的模型方程的分析方法，该模型方程可通过给定响应值的目标条件进而对所有参评指标进行优化，确定评价指标与之相对应的优化组合值。当确定因素对指标存在非线性影响，因素个数 2～7 个时，RSM 是最值得推荐的方法。

响应曲面设计法包括 CCD（中心复合设计）、Box-Behnken 设计、单因子设计、D—

最优设计四种。在因素数相同时，四种试验设计法中，Box-Behnken 试验设计对运行的实验次数要求最少，且当参评指标因子数量在 $3<n<7$ 个时，Box-Behnken 以其最优的特点被强烈推荐，其在构建模型方程时，试验次数一般为 15～62 次，可实现线性和非线性关系的评估。因此，选用 Box-Behnken 试验设计，通过构建多元二次回归方程模型确定刺槐林主要林分因子的最优配置（即优化目标）。多元二次回归方程模型如式（3-53）所示：

$$y(x) = \beta_0 + \sum_{i=1}^{p} \beta_i X_i + \sum_{i=1}^{p} \sum_{j=1,i<j}^{p} \beta_{ij} X_{ij} + \sum_{i=1}^{p} \beta_{ij} X^2_i + \varepsilon \qquad (3\text{-}53)$$

式中，X_i 为自变量；$y（x）$ 为响应值；β_0 为常数项；β_i 为线性影响；β_{ij} 为交互影响；ε 为误差项。

借助软件 Design-Expert 完成低效林林分结构优化目标的确定。完整完成一次 Box-Behnken 实验设计的目标优化分为实验设计、实验分析和实验优化三个步骤（图 3-8）：

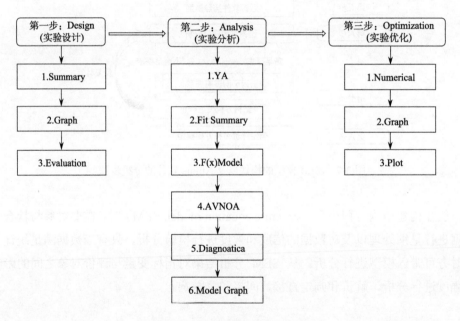

图 3-8　林分结构配置优化步骤

3.3.6.2　林分结构调控措施分析

通过回归分析构建各低效等级刺槐林林分结构主要因子与林分密度的关系模型方程，探究以调控可操作性强的林分密度为主要林分抚育措施，实现不同低效等级刺槐林林分结构优化技术。选取水土保持综合功能和林分结构均符合优化目标的非低效林分作为标准林分，通过测定和分析这些标准林地的造林规格和技术，为低效林林分结构优化提供参考依据，做到因地制宜开展低效林林分结构优化配置研究。

3.4　低效林林分优化思路

开展低效林优化思路如图 3-9 所示，内容主要包括 3 个方面：①确定林分结构优化的目标林分；②低效林的界定、分类分级和成因分析；③低效林林分结构优化调控等。具体以晋西黄土区蔡家川流域内刺槐林、油松林、刺槐×油松混交林、山杨×栎类次生林为研究对象。结合文献研究、资料分析、林业调查和室内实验等方法获取典型林分结构和水土保持功能数据，通过对典型林分结构和水土保持功能进行特征分析和综合评价确定需要开展林分结构优化的目标林分。基于对目标林分构建的水土保持功能综合指数，将其划分为正常林分、轻度低效、中度低效和重度低效等四种类型。此外，从研究区气候条件、林地土壤水分和养分资源变化特征及各低效林林分结构和水土保持功能耦合关系，探究低效林水土保持功能低效成因，区分易控因素和不易调控因素。基于此，借助结构方程模型识别和筛选能够提高水土保持功能的可调控林分结构因子，解析因子间的影响路径及影响强度，对可调控林分结构影响因素建立优化目标模型方程，量化各林分结构因子的调控范围和阈值。同时，分别建立易调控和不易调控林分结构因子间的优化模型方程实现林分结构同步优化。

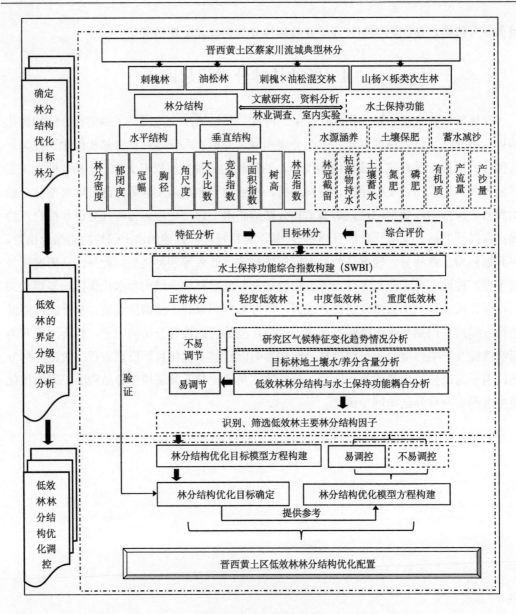

图 3-9　林分结构优化思路

第4章 典型林分结构和水土保持功能特征分析

林分结构决定林分功能强弱，而林分功能也反映了林分结构配置是否合理（王威，2012）。不同林分类型的林分组成不同，这也就导致不同林分的林分结构存在差异，最终导致各林分在发挥水土保持功能时有强弱之分，通过多个林分类型的对比分析研究和评价可筛选出林分发挥水土保持相对较差的林分类型并对其进行林分结构优化以提升和改善其水土保持功能。在分析林分结构特征时，一般包括林分密度、胸径、树高、冠幅、郁闭度、林木竞争指数、叶面积指数、角尺度等水平林分结构和垂直林分结构因子（Wells，1999；惠刚盈，2007）。黄土高原生态环境脆弱，水土流失严重，营造人工林的初衷即为控制水土流失以改善生态环境，因此，黄土高原营造的防护林生态主导功能定位为水土保持功能。在森林生态水文研究中，水土保持功能主要从水源涵养、土壤保育和蓄水减沙三个方面进行分析（Guo et al.，2008；余新晓等，2014）。涵养水源功能因子主要有林分平均林冠截留、枯落物持水、土壤蓄水等三个方面开展分析。土壤保育主要对林地土壤肥力特征进行分析，一般主要包括土壤全氮、氨氮、硝氮、全磷、速效磷、有机质等植被所需元素（赵洋溢，2020）。此外，蓄水减沙效益是衡量水土保持林的最重要指标，是反映水土保持林林分结构合理性的主要依据，蓄水减沙效益主要从产沙量和产流量两个方面进行考虑（Wei et al.，2018；2019）。

开展晋西黄土区低效林林分配置优化的目的在于将结构较差的林分改造成结构合理、功能协调的林分。选取晋西黄土区四种典型林林分为研究对象，对其开展林分结构和水土保持功能特征分析和综合评价，为全面掌握晋西黄土区林分状况提供重要参考依据，也为开展晋西黄土区低效林林分结构优化配置提供有效参考依据。

4.1 典型林分结构特征分析

4.1.1 不同林分结构特征的变化规律

4.1.1.1 林分密度分布特征

不同林分的林分密度变化趋势有差异（图 4-1～图 4-4）。通过对比纯林和混交林中刺槐、油松的林分密度分布可知，刺槐林的林分密度范围在 500～3500 株·hm^{-2} 之间，其中 1600 株·hm^{-2} 的样地数量最多；而在油松林中，该林分类型的林分密度统计结果表明其分布区间落在 600～1800 株·hm^{-2}，且林分密度在 1100 株·hm^{-2} 的样地占比最大；而刺槐×油松混交林的林分密度分布在 1600 株·hm^{-2} 的样地数为较多；次生林的林分密度范围在 600～2600 株·hm^{-2} 之间，而 1400 株·hm^{-2} 的样地数较多。与次生林相比，人工林的林分密度分布存在较大的异质性，次生林的林分密度分布更为均匀。

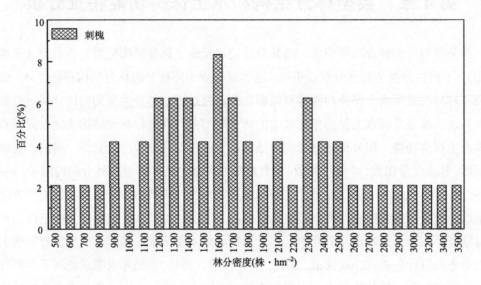

图 4-1　刺槐林分密度分布特征

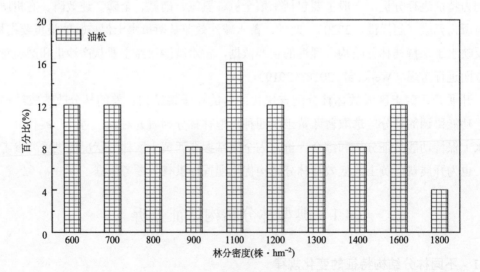

图 4-2　油松林分密度分布特征

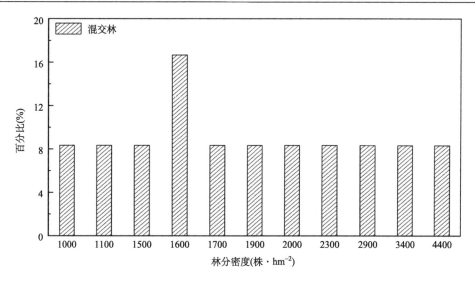

图 4-3　混交林林分密度分布特征

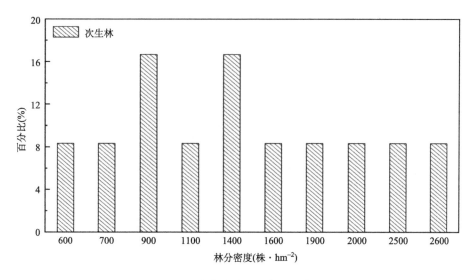

图 4-4　次生林林分密度分布特征

4.1.1.2　胸径分布特征

不同林分胸径分布的变化趋势有差异（图 4-5～图 4-8）。通过对比纯林和混交林中刺槐、油松的胸径分布可以看出，纯林中的刺槐胸径分布于小径阶的居多（6～12cm），其总体占比超过 70%；而纯林中的油松林林木整体胸径落于 12～16cm 范围的样本量比重较大，其总体占比超过 75%；而混交林中刺槐的胸径受混交影响，刺槐类型林木胸径整体也是在小径阶水平的频率居多（8～12cm），但相比纯林中的刺槐林其胸径平均值略大，其总体占比也超过了 60%，而混交林中的油松胸径分布区间与纯林中的油松相同，

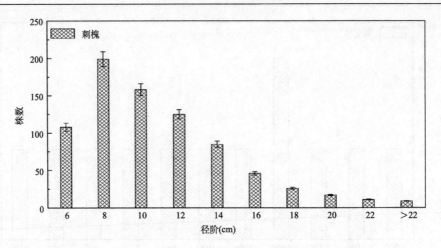

图 4-5　刺槐林分胸径分布特征

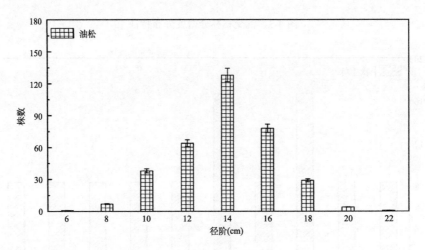

图 4-6　油松林分胸径分布特征

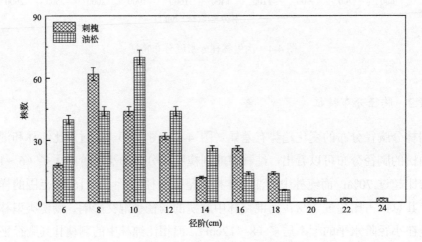

图 4-7　混交林胸径分布特征

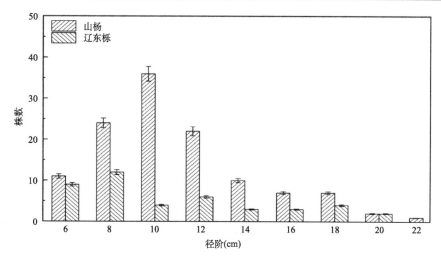

图 4-8　次生林胸径分布特征

其总体占比接近 80%；就分布特征来看，次生林中的先锋树种山杨和辽东栎比人工林分布更为均匀，互为补充，山杨在 8～12cm 分布最多，其总体占比接近 70%，辽东栎在 6～8cm 分布较多。综合来看，研究区次生林胸径相比人工林更为均匀。

4.1.1.3　树高分布特征

不同林分树高分布存在差异（图 4-9～图 4-12）。结果表明研究区的刺槐人工林的树高分布区间在 6～12m，统计分析结果表明这种中间高阶的百分比为该林分总体的 77.66%；油松林分的树高分布属于中间高阶水平（6～9m），其总体占比接近 85%；混交林中，刺槐林木的中间高阶占林分总体百分比接近 65%，而混交林与纯林中的油松树木

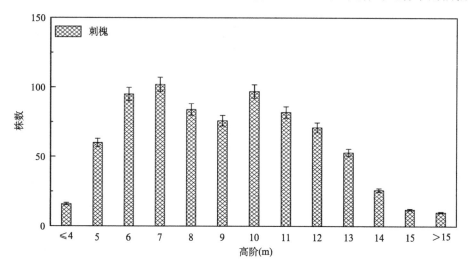

图 4-9　刺槐林分树高分布特征

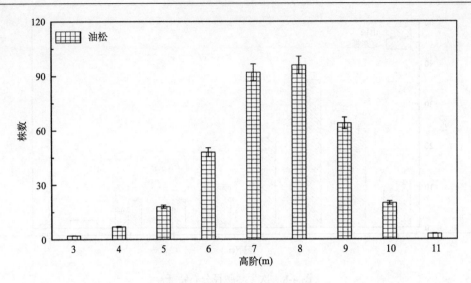

图 4-10　油松林分树高分布特征

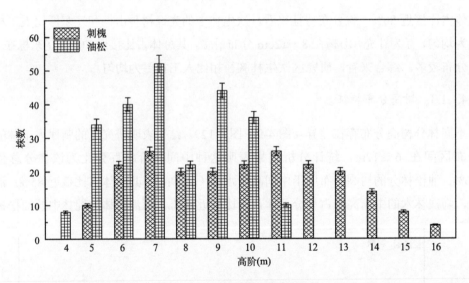

图 4-11　混交林树高分布特征

中间高阶占林分总体百分比无较大差异，同样处于 6~9m 中间高阶的林木株数分布最多，占总株数的 64.23%；次生林中的先锋树种山杨的树高分布区间在 9~13m，统计分析结果表明该区间段的占比超过 60%，辽东栎的树高分布于 6~9m 的中间高阶，林木株数占总株数的 67.44%。可见，树高因子依然在四种典型林分中存在一定的分布规律，整体基本表现为次生林较人工林高。

4.1.1.4　冠幅分布特征

不同林分冠幅分布差别较大（图 4-13~图 4-16）。四种林分的冠幅大小对比分析统计结果表明，人工林中的刺槐冠幅分布大于 9.92 m² 林木株数占比较低，不足 30%，可见刺槐冠幅分布总体偏小；油松的冠幅分布在中区间（4.4～14.85 m²）的占比较大，可超过 70%；在混交林中，刺槐和油松的冠幅分布均表现为小于 9.92m² 的占比最多，各为 68.22% 和 86.99%；在次生林中，山杨和辽东栎的冠幅分布处于 0～9.75m² 的较小冠幅区间的林木株数分布最多，分别占总株数的 73.33% 和 67.44%。冠幅因子可在一定程度上反映林分生长状况，就分析结果来看，人工林因林分冠幅分布存在较大差异反映了其林分生长状况不及次生林，各林分占比集中趋势也表明，次生林冠幅因子依然表现为分布较均匀。

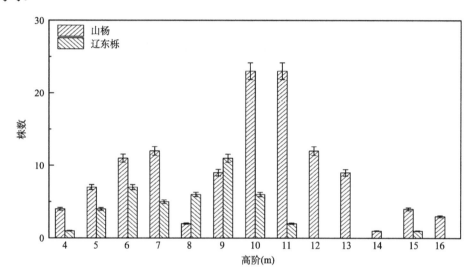

图 4-12　次生林树高分布特征

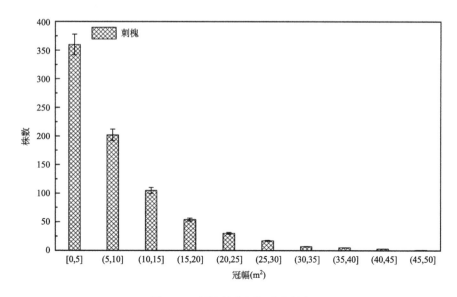

图 4-13　刺槐林分冠幅分布特征

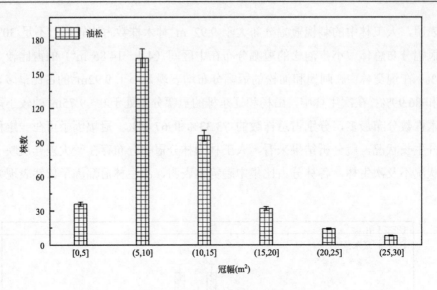

图 4-14　油松林分冠幅分布特征

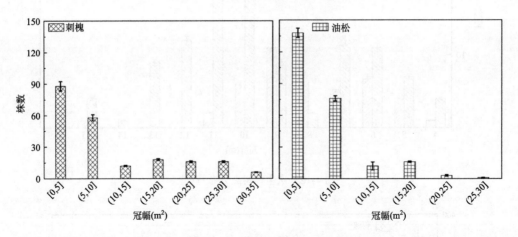

图 4-15　混交林的冠幅分布特征

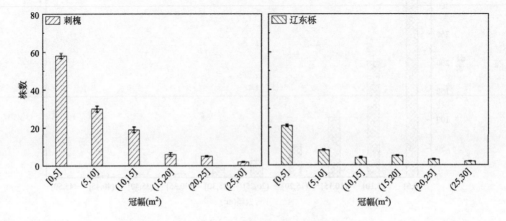

图 4-16　次生林的冠幅分布特征

4.1.1.5　郁闭度分布特征

不同林分郁闭度的数值大小相对其他指标来说差距较小（图 4-17～图 4-20）。刺槐林的郁闭度范围 0.38～0.87；油松的郁闭度范围为 0.54～0.87，在林分密度为 1400 株·hm⁻² 时郁闭度达到峰值；刺槐×油松混交林的郁闭度范围为 0.68～0.88，在 3400 株·hm⁻² 和 4400 株·hm⁻² 时达到峰值；次生林分布在 0.55～0.71。从各林分郁闭随林分密度变化趋势来看，随着林分密度的增加，纯林表现为起伏波动的变化趋势，混交林整体变化趋势在高密度出现小幅度减小趋势，但整体还是表现为随林分密度的增加而增大的变化趋势，而次生林林分郁闭度分布特征仅出现一次波峰（1600 株·hm⁻²）。综上分析结果来看，林分密度对人工林林分郁闭情况影响较次生林更大。

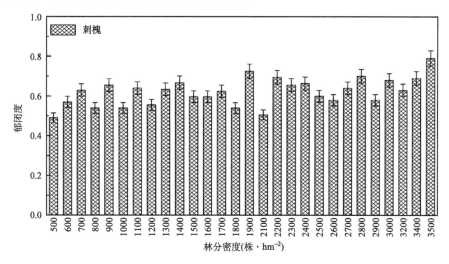

图 4-17　不同林分密度刺槐林的郁闭度分布特征

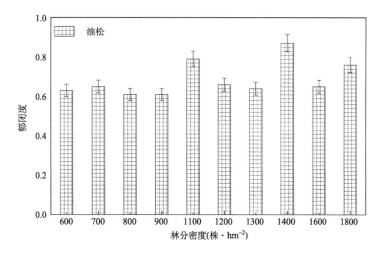

图 4-18　不同林分密度油松林的郁闭度分布特征

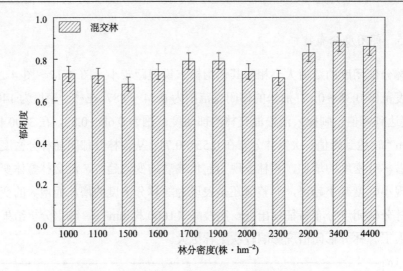

图 4-19　不同林分密度混交林的郁闭度分布特征

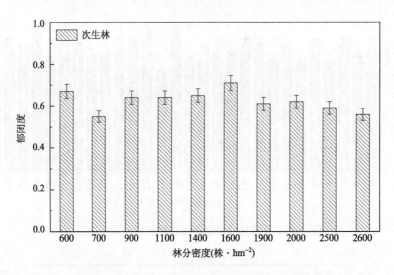

图 4-20　不同林分密度次生林的郁闭度分布特征

4.1.1.6　叶面积指数分布特征

不同林分的叶面积指数差异较大（图 4-21～图 4-24）。刺槐随林分密度的增大，其叶面积指数林在 0.88～4.50 内逐渐增大，且在高林分密度时出现波峰（3500 株·hm^{-2}）。油松林的叶面积指数范围为 1.48～3.04，在林分密度为 1100 株·hm^{-2} 和 1400 株·hm^{-2} 时叶面积指数较大，其他林分密度下相对较小。刺槐×油松混交林的叶面积指数范围为 1.03～3.23，在中水平林分密度时均会出现峰值（比如 1000、1700 和 2300 株·hm^{-2}），而其余密度条件下表现偏小，总体随林分密度的增加呈先增大后减小的趋势。次生林的叶面积指数范围为 2.07～2.61，在林分密度为 1400 株·hm^{-2} 时达到峰值，在林分密度的影响下，该林分叶面积指数分布特征较人工林波动更为平缓。

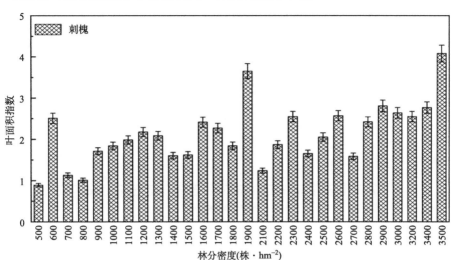

图 4-21　不同林分密度刺槐林的叶面积指数分布特征

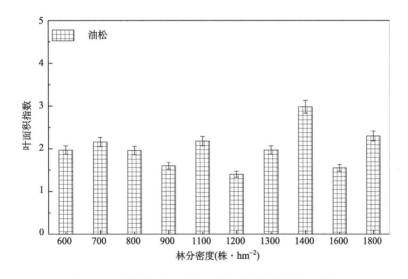

图 4-22　不同林分密度油松林的叶面积指数分布特征

4.1.1.7　角尺度、大小比数分布特征

不同林分的角尺度、大小比数分布特征如图 4-25～图 4-28 所示。各林分角尺度在林分密度影响下，其分布特征均有较大波动趋势，四种林分空间分布格局都有相同的表现方式，每种表现方式也随林分类型不同而出现不同的分布比重。受造林方式、立地环境以及林木本身生长发育的影响，纯林林分表现为多随机和少均匀的不合理分布格局，而混交林以及次生林两种林分类型表现为多均匀和少随机的较为合理的空间分布格局。受

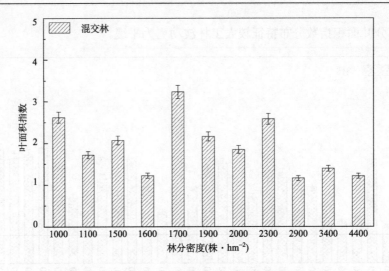

图 4-23　不同林分密度混交林的叶面积指数分布特征

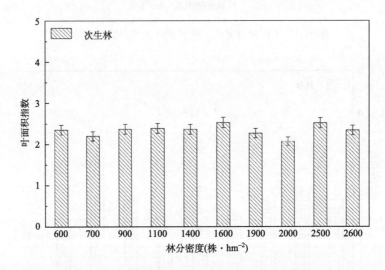

图 4-24　不同林分密度次生林的叶面积指数分布特征

林分密度的影响，四种林分的林木大小比数存在不同的分布区间。刺槐林的林木大小比数变化范围为 0.125～0.75；油松林林木大小比数变化范围为 0.25～0.63，其变化范围较刺槐林缩小；混交林和次生林两种林分类型的林木大小比数变化范围更加收拢，分别为 0.42～0.56，0.44～0.57。此外，根据对四种林分的林分角尺度分布特征进行统计分析，结果发现四种林分的林木大小比数超过 0.5 的比例均大于 50%，分别为 56.25%、75%、58.33% 和 58.33%。从四种林分类型的林分角尺度和林木大小比数分析结果来看，这也表明人工纯林林木个体差异比人工混交林和次生混交林大，人工混交林和次生混交林林木个体差异程度较小，同时也较为相似，多树种的林分空间分布格局较单一树种林分具有更好的空间分布格局。

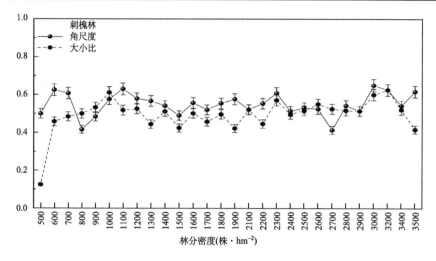

图 4-25　不同密度刺槐林的角尺度和大小比数分布特征

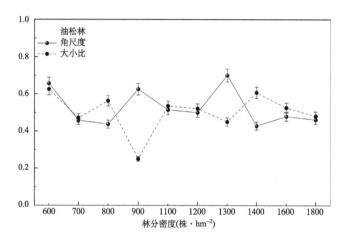

图 4-26　不同密度油松林的角尺度和大小比数分布特征

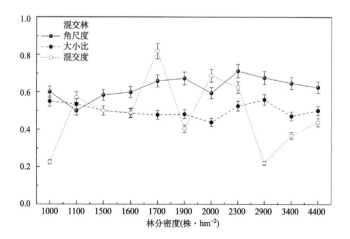

图 4-27　不同密度混交林的角尺度、大小比数和混交度分布特征

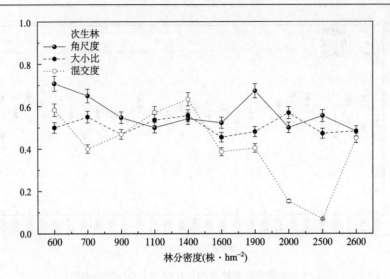

图 4-28　不同密度次生林的角尺度、大小比数和混交度分布特征

4.1.1.8　林层指数分布特征

不同林分林层指数有所不同（图 4-29～图 4-32）。前文对四种林分的树高林分结构因子进行分析，结果表明次生林较人工林高，而且人工林树高分布特征较次生林波动更大，这将对四种林分的林层划分影响很大。而通过对四种林分的林层指数因子分布特征发现，林分密度对林层指数影响较小，但各林分也表现出了一定的分布差异。对人工林分析发现，林分密度的分布差异导致林木的生长出现不同变化趋势，但这种变化规律并不明显，并没有在林分密度极值处出现峰值，但四种林分的林层指数变化区间基本一致，均在 0～0.5 之间。具体地，刺槐、油松及其混交林、次生林的林层指数变化区间分别在 0.48 以内、0.5 以内、0.42 以内和 0.45 以内。

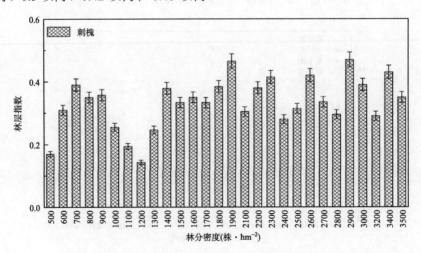

图 4-29　不同林分密度刺槐林的林层指数分布特征

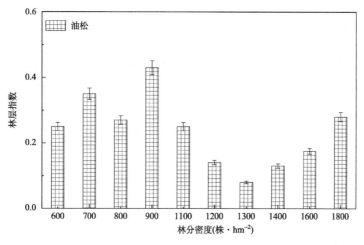

图 4-30 不同林分密度油松林的林层指数分布特征

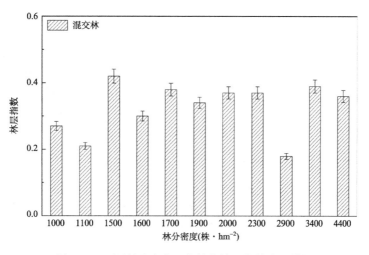

图 4-31 不同林分密度混交林的林层指数分布特征

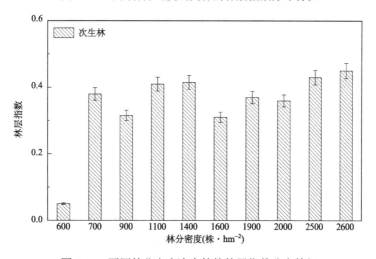

图 4-32 不同林分密度次生林的林层指数分布特征

4.1.1.9　林木竞争指数分布特征

　　四种林分的林木竞争指数分布特征如图 4-33～图 4-36 所示。刺槐林分林木竞争指数取值范围在 1.08～3.77 之间,油松林分林木竞争指数取值范围在 1.17～2.23 之间,混交林分林木竞争指数取值范围在 1.34～4.58 之间,而次生林分林木竞争指数取值范围在 1.16～2.81 之间。另外,每种林分类型的平均林木竞争指数在林分密度的影响下,表现正向的变化趋势。可见,每种林地内均存在显著的种内竞争。此外,混交林地内林木竞争指数超过 2 的样地达到 75%,而次生林地内林木竞争指数在此条件下的百分比重为 58.33%。综上所述多树种的林分类型与单一树种的林分类型相比,其种内和种间的竞争关系更为明显和剧烈。

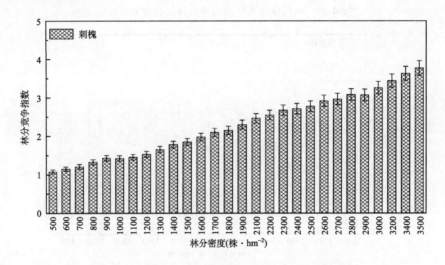

图 4-33　不同林分密度刺槐林林木竞争指数分布特征

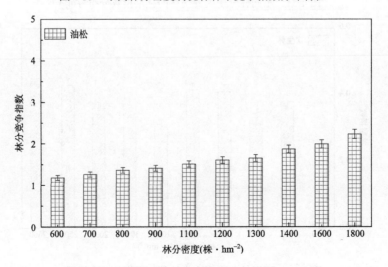

图 4-34　不同林分密度油松林林木竞争指数分布特征

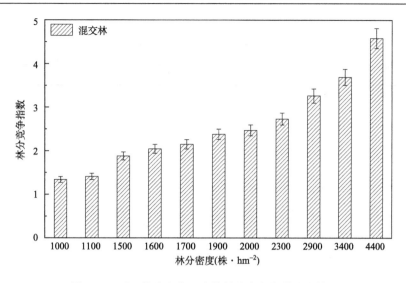

图 4-35　不同林分密度混交林林木竞争指数分布特征

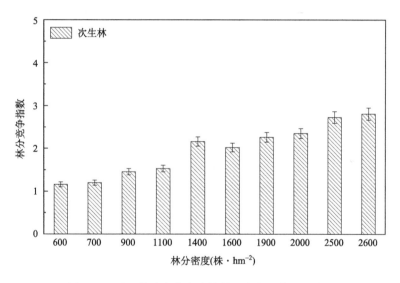

图 4-36　不同林分密度次生林林木竞争指数分布特征

4.1.2　林分结构整体特征

对研究区刺槐林、油松林和刺槐×油松混交林及次生林四种典型林分的结构特征（表 4-1）统计。

表 4-1　典型林分结构因子分析

结构类型	指标因子	刺槐林	油松林	混交林		次生林	
				刺槐	油松	山杨	辽东栎
水平结构	胸径（cm）	6~12	12~16	8~12	6~12	8~12	6~8
	冠幅（m²）	0~9.92	4.4~14.85	0~9.92	0~9.92	0~9.75	0~9.5
	林分密度（株·hm⁻²）	500~3500	600~1800	1000~4400		600~2600	
	郁闭度	0.38~0.87	0.54~0.87	0.68~0.88		0.55~0.71	
	角尺度	0.25~0.94	0.38~0.70	0.50~0.71		0.48~0.71	
	大小比数	0.13~0.75	0.25~0.63	0.42~0.56		0.44~0.57	
	混交度	—	—	0.22~0.82		0.07~0.67	
	林木竞争指数	1.08~3.77	1.17~2.23	1.34~4.58		1.16~2.81	
垂直结构	树高（m）	6~12	6~9	7~12	6~9	9~13	6~9
	叶面积指数	0.88~4.50	1.48~3.04	1.03~3.23		2.07~2.61	
	林层指数	0~0.48	0~0.50	0.18~0.42		0~0.45	

　　结果表明四种典型林分中林分结构因子表现出一定的规律性和差异性。具体来看，四种林分类型的胸径分布随林分密度分布区间的扩大表现为减小趋势，而冠幅、郁闭度、大小比数、角尺度、林木竞争指数、叶面积指数和林层指数均受林分密度的影响表现为林分密度过高或者过低均分布较为极端，而适宜的林分密度（1500 株左右）时，各指标均表现为处于较为合理的指标值或者是分布区间。此外，四种林分的林分角尺度和林木大小分化程度分布特征结果表明多树种林分类型较单一树种林分类型的林分结构更合理，空间分布格局更均匀。混交林整体的林分结构特征更接近次生林，且该林分的郁闭度较纯林更大。分析结果还表明，人工林的叶面积指数受林分密度的影响较显著，而次生林的叶面积指数受林分密度的影响较小。

4.2　典型林分水土保持功能特征分析

4.2.1　涵养水源功能对比分析

4.2.1.1　林冠截留

　　对四种林分的林冠截留能力分析结果如图 4-37~图 4-40 所示，不同坡度条件下的刺槐林林冠截留率随坡度的增加出现两次上升趋势，出现两次峰值对应的坡度分别为 21°和 31°。同样地，在不同坡度条件下的油松林林冠截留率随坡度的增加也出现两次上升趋势，而出现两次峰值对应的坡度却更大，分别为 28°和 35°。但对于次生林，在不同坡度条件下的该林分类型的林冠截留率随坡度的增加仅出现一次上升趋势，出现峰值对应的坡度为 21°。不同于人工林的是，次生林林冠截留率随坡度的增加出现多次波动，但是整体表现为降低趋势，较优的林冠截留能力出现在坡度较小的林地。综合四种林分类型的林冠截留能力来看，混交林平均林冠截留率大于次生林和人工纯林（刺槐林和油松林），可见，混交林的林冠截留能力相对其他三种林分类型而言较大。

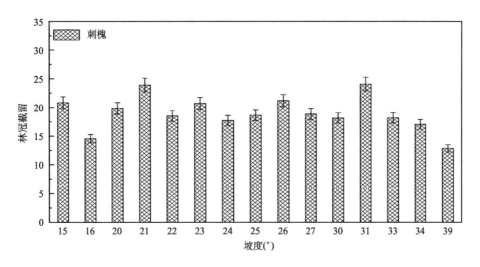

图 4-37　不同坡度下刺槐林分林冠截留能力分析

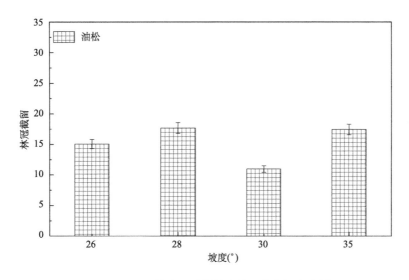

图 4-38　不同坡度下油松林分林冠截留能力分析

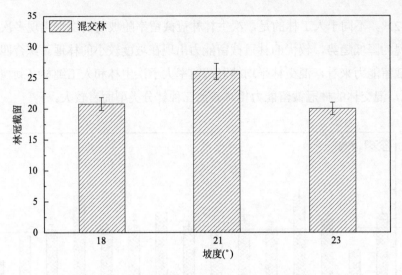

图 4-39　不同坡度下混交林林分林冠截留能力分析

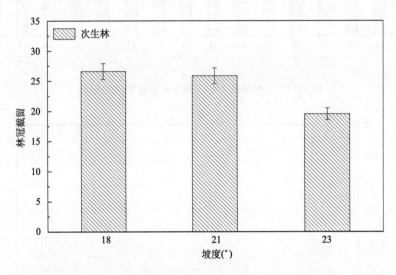

图 4-40　不同坡度下次生林林分林冠截留能力分析

4.2.1.2　枯落物持水

　　四种典型林分（混交林、次生林、刺槐林和油松林）的枯落物未分解层和半分解层持水能力如图 4-41～图 4-44 所示，其中，不同坡度条件下的刺槐林枯落物不同分解层的持水能力随坡度的增加出现多次起伏波动的变化趋势。从变化曲线来看，该林分类型的枯落物在保存较为完好的时候对降雨的持水能力比分解后状态更优。而这种持水能力不随坡度规律地增加而规律变化。而不同坡度条件下的油松林枯落物不同分解层的持水能力随坡度的增加也出现多次起伏波动的变化趋势。从变化曲线来看，不同于刺槐林的是该林分类型的枯落物在分解后对降雨的持水能力比保存较为完好的时候状态更优。但这种持水能力随坡度规律地增加而出现一定的变化规律。当林地坡度为 28°时枯落物持水能力达到峰值。对于混交林来说，不同坡度条件下的枯落物不同分解层的持水能力随坡度的增加出现多次起伏波动的变化趋势这与刺槐林的枯落物持水能力的表现规律一致。但又与刺槐林不同的是混交林下枯落物在两种状态下其对降雨的拦截和持水能力相当，无明显差异。与人工林不同的是，次生林随坡度的增加出现两次上升趋势，两次峰值的出现对应的林地坡度分别为 21°和 23°。该林分枯落物持水能力的变化曲线表明枯落物在分解后对降雨的持水能力比保存较为完好的时候状态更优，这与油松林枯落物持水能力大小表现一致。

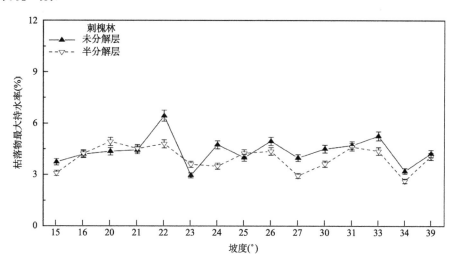

图 4-41　不同坡度下刺槐林枯落物持水能力分析

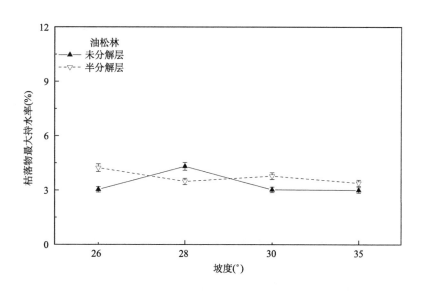

图 4-42　不同坡度下油松林枯落物持水能力分析

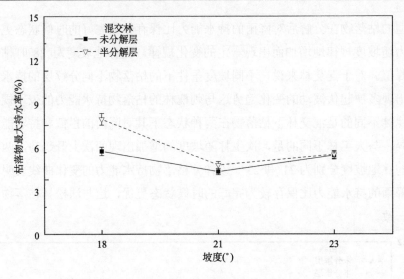

图 4-43　不同坡度下混交林枯落物持水能力分析

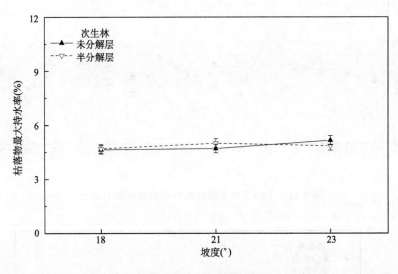

图 4-44　不同坡度下次生林枯落物持水能力分析

4.2.1.3　土壤蓄水

通过对四种林地土壤入渗率进行测定分析，结果如图 4-45 所示，四种林地土壤入渗平均值表明混交林地土壤入渗速率最大（449.57mm·h⁻¹），这可能是因为混交林地改良效果优于纯林，且刺槐属于速生树种，其枯落物归还量和分解量较大，此外，刺槐根系较油松发达。总体来看，人工林土壤入渗率大于次生林，最主要的影响因素是与土壤前期含水量有非常大的关系，一般来说，次生林地土壤含水量比人工林高。而油松林地土壤入渗能力表现为较低，这同样受林地土壤前期含水量、枯落物现存量、根系分布特征和土壤结构影响较大。

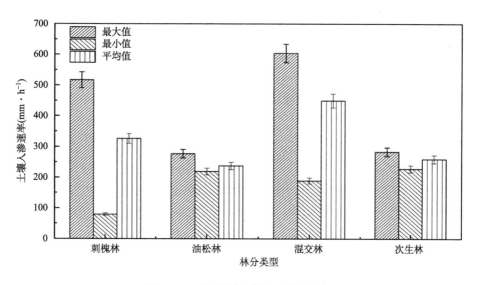

图 4-45　不同林地土壤入渗能力分析

　　四种林地土壤蓄水量如表 4-2 所示，就土壤质量含水量来说，次生林地含量最高，而油松林地含量最低。从林分类型来看，人工林地土壤质量含水量平均值小于次生林地。对土壤最大持水量进行分析，结果表明依然是次生林地含量最高，而含量最低的是刺槐林地，但从林分类型来看，人工林地土壤最大持水量平均值小于次生林地。这同样也是受林地土壤前期含水量、枯落物现存量、根系分布特征和土壤结构影响较大。

表 4-2　不同林地土壤蓄水量

林分类型	统计量	土壤质量含水量（%）	土壤最大持水量（%）
混交林	最大值	33.97%	75.45%
	最小值	5.66%	34.60%
	均值	13.07%	48.34%
刺槐林	最大值	16.93%	61.00%
	最小值	5.77%	25.54%
	均值	10.70%	46.28%
油松林	最大值	9.56%	68.20%
	最小值	6.73%	46.24%
	均值	7.95%	54.87%
次生林	最大值	40.03%	122.88%
	最小值	23.75%	39.09%
	均值	29.85%	68.59%

4.2.2　保育土壤功能对比分析

保育土壤功能主要是指土壤保肥能力，一般在描述林地土壤肥力时常选用土壤有机质含量（SMC）、土壤氮肥（TN 和 $NH_3\text{-}N$ 以及 $NO_3\text{-}N$）、土壤磷肥（TP 和 AP）等基本土壤养分因了，上述因子的统计特性如图 4-46 所示。

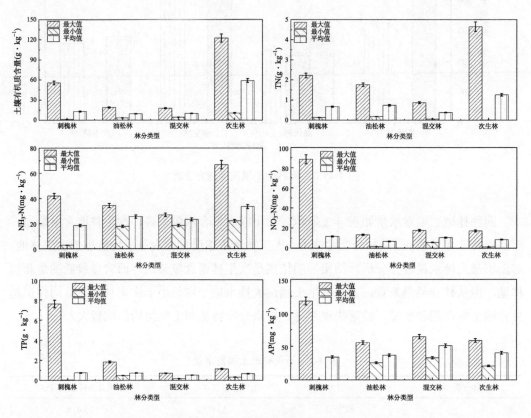

图 4-46　不同林分土壤肥力特征分析

图 4-46 分析结果表明，在所研究的土壤肥力因子中，四种林地中的土壤有机质肥力指标和全态的氮、磷养分含量均高于比其它指标。就土壤有机质肥力指标含量来看，次生林地有机质含量极高（58.84%＞40%），而人工林地（刺槐和油松混交林地、刺槐林地、油松林地）有机质含量处于很低的含量状态。从土壤氮（全氮、氨氮、硝氮）均值含量来看，研究区内的四种典型林地土壤全氮含量均不高，例如，次生林地土壤全氮含量均值处于中等水平（1.26g·kg^{-1}），而刺槐和油松混交林地土壤全氮含量处于极低水平，其含量仅为 0.38mg·kg^{-1}。从土壤磷（全磷、速效磷）均值含量来看，研究区内的四种典型林地土壤磷含量表现为全量处于较低含量水平，而速效态元素含量基本处于高含量状态。

例如，次生林地和混交林地土壤速效磷含量均大于 40mg·kg^{-1}，而刺槐和油松林地土壤速效磷含量大于 30mg·kg^{-1}，均处于高含量状态。不同林分的土壤养分指标统计结果表明，次生林地不仅持水能力优于人工林，其土壤保育功能也呈现相同的规律，而多树种林分类型的土壤保育功能优于单一树种的林分，且阔叶林较优于针叶林。

4.2.3　蓄水减沙功能对比分析

四种林地不同坡度条件下的产流量和产沙量柱状和曲线变化如图 4-47～图 4-50 所示。柱状图表明，刺槐林地的产流量随坡度的增加出现多次起伏波动，但依然可以很明显地看出整体增加的变化趋势，且在坡度较陡的林地出现峰值（39°/68.98mm）。油松林地的产流量随坡度的变化规律与刺槐林表现一致，依然在坡度较陡的林地出现峰值（28°/78.02mm），只是出现径流峰值的坡度小于刺槐林地。混交林随坡度的增加也表现为反复波动，但整体出现一次波峰的先大后小的规律，产流量峰值（51.32mm）出现中坡度（23°）。该林地产流量随坡度的增加出现两次峰值（29.13mm/40.58mm），对应的林地坡度为 35°和 45°。图 4-47～图 4-50 中曲线反映了四种林地产沙变化特征。结果表明，产沙量的变化趋势随径流的变化趋势具有高的相似性，产沙量的峰值出现的林地坡度也径流相同。在相同径流峰值坡度处的四种林地产沙量峰值分别为 795t·km^{-2}、604t·km^{-2}、429t·km^{-2} 和 284t·km^{-2}。综合上所述，次生林地的蓄水减沙功能由于人工林，且种植多树种的林地的蓄水减沙功能优于单一树种的林地。

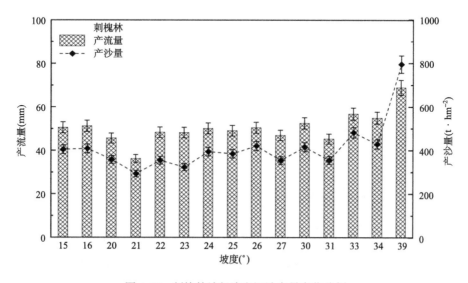

图 4-47　刺槐林地径流和泥沙产量变化分析

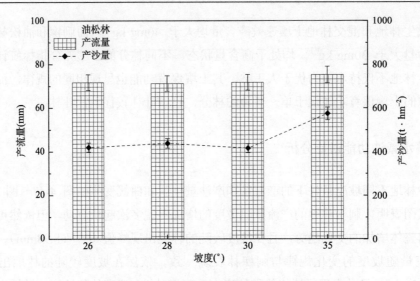

图 4-48　油松林地径流和泥沙产量分析

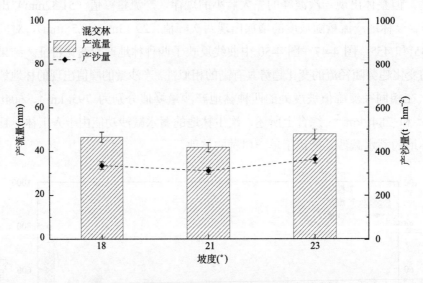

图 4-49　刺槐×油松混交林地径流和泥沙产量分析

4.2.4　典型林分水土保持功能综合分析

四种林分水土保持功能统计分析结果如表 4-3 所示，每种林分的水土保持功能各有特点，也各有偏重。次生林在土壤保育功能和蓄水减沙功能方面表现较优，对于人工林来说，多树种种植的林分在涵养水源、保持土壤水分和蓄水减沙方面的表现优于单一树种的林分类型。因此，需要对四种林分的水土保持功能进行综合评价对四种林分的水土保持功能更加综合和客观分析。

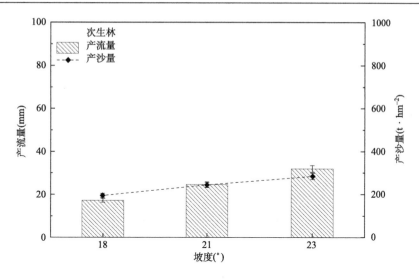

图 4-50　山杨×栎类次生林地径流和泥沙产量分析

表 4-3　典型林分水土保持功能指标统计表

结构指标 ＼ 林分类型	刺槐林	油松林	混交林	次生林
林冠截留率（%）	18.6±3.5a	15.3±3.4b	22.3±4.1a	20.1±3.3a
枯落物持水率（未）（%）	4.71±0.23a	3.13±0.85b	4.33±0.25a	5.12±0.15a
枯落物持水率（半）（%）	4.05±0.73a	3.72±0.59a	4.84±2.23a	4.85±0.55a
土壤入渗率（mm·h⁻¹）	325.75±134.05a	236.16±24.49b	449.57±236.88a	259.42±24.20b
土壤含水量（%）	12.93±5.70b	10.62±2.81b	7.95±0.84b	29.85±5.86a
土壤最大持水量（%）	48.20±7.56b	46.66±8.31c	54.87±7.18ab	68.59±25.74a
全氮（g·kg⁻¹）	0.66±0.42ab	0.71±0.53ab	0.381±0.210b	1.26±1.70a
氨氮（mg·kg⁻¹）	18.41±8.56b	25.41±5.16ab	23.24±2.38ab	33.51±11.99a
硝氮（mg·kg⁻¹）	11.05±13.47a	6.67±2.92b	10.53±3.82ab	8.52±5.037ab
全磷（g·kg⁻¹）	0.68±1.02a	0.67±0.34a	0.51±0.15a	0.66±0.24a
速效磷（mg·kg⁻¹）	33.50±15.94b	36.37±7.97b	51.12±8.43a	40.40±12.49ab
土壤有机质（g·kg⁻¹）	12.63±8.992b	9.26±3.99b	10.06±3.98b	58.84±43.26a
产流量（mm）	50.76±7.45ab	72.52±3.08a	45.29±4.65ab	24.60±7.63b
产沙量（t·km⁻²）	413±111a	463±88a	338±39ab	241±47b

注：表中统计值均为 Mean±Std，小写字母指 5%显著水平。

以次生林为对照，对研究区内四种典型林分类型进行综合分析（表 4-4），评价结果表明，纯林和混交林的水土保持功能各有特点，混交林（次生林与人工林）与纯林（刺槐林与油松林）的功能区别较大，研究区内纯林（刺槐林与油松林）水土保持功能较低于混交林（次生林与人工林），需要对油松和刺槐林进行林分结构调控，以提升区域内森林生态系统水土保持功能。

表 4-4 不同林分水土保持功能综合评价

林分类型	评价方法	水土保持功能综合得分	综合排名
刺槐林		9.239	3
油松林	$\bar{K} = \dfrac{\sum k_i w_i}{\sum w_i}$	7.617	4
刺槐×油松林		20.731	2
次生林		51.401	1

根据已有资料和文献报道（王斌瑞，1987；1996），自 1978 年以来，随着黄土高原人工林建设的加强，吉县植被覆盖率逐年增加，目前吉县植被覆盖率高达大约 72%。据统计，2017 年全年全县完成造林面积 6.39 万亩，其中人工造林 4.89 万亩，封山育林 1.5 万亩；森林覆盖率达 41.32%。其中，所选的两种人工纯林（油松和刺槐）因其优异生态学特性，即适应性和抗逆性较强，同时在防治水土流失方面起到较好的保持水土、涵养水源及改良土壤效益，被选定作为该地区优良的造林树种。

在晋西黄土区森林覆被率达 31.0%，人工林占现有林面积的 30.1%。吉县蔡家川流域面积为 39.36km²，人工林占流域面积的 56.43%。其中，针叶林占流域面积的 10.85%（油松林为主），阔叶林占流域面积的 31.56%（刺槐林为主），针阔混交林占流域面积的 14.02%（刺槐×油松混交林为主），可见，在研究区内，刺槐林的种植面积占人工林的比重大于油松林。此外，刺槐属于速生树种，其森林生态系统变化大于油松林。因此，优先考虑开展刺槐林林分结构优化研究对提升区域内森林生态系统水土保持功能具有重要的现实调控意义。

4.3 典型林分结构和功能分布差异分析

在森林水文研究中，林分结构作为重要的组成部分，是决定生态水文功能的调节器，对林分结构特征和水土保持功能特征进行分析可为水土保持功能导向型林分结构结构优化配置研究提供重要的理论参考依据。

研究发现刺槐林、油松林、刺槐油松混交林以及次生林等林分类型的林分结构分布特征有相似性也存在一定的差异。研究结果表明，四种典型林分的林分密度分布区间均不同，次生林林分密度分布比较均匀，其分布区间为 600～2600 株·hm⁻² 之间，但人工林林分密度分布不均匀，比如刺槐林分布区间为 1200～2300 株·hm⁻² 之间，油松林林分密度分布区间为 600～1800 株·hm⁻² 之间，而二者的混交林林分密度分布区间为 1200～4400

株·hm^{-2}之间。可见，人工林的林分密度分化情况较次生林大。沈国舫院士（1975）曾经指出无论造林密度大小如何，人工林的林分密度一般表现为随着林龄的增长而趋于减少的变化特征。在正常情况下，造林密度（初植密度）越大，随着植被恢复年限不断增加，林分树冠不断延伸和扩大，当树木个体间的树冠发育到相互衔接和遮挡的情况时，林内小气候条件会发生变化，比如气温过低、空气流动性差、树木病菌开始滋生并传播导致树木个体生长发育不能正常进行，随之出现林木分化现象。生长能力强的林木个体将以压倒性优势占据生长能力差的树木，使生长能力差的树木沦为被压木，直至其死亡，也就是林分自然稀疏现象。在晋西黄土区，在植被恢复的初期，在当时生态环境恶劣的情况下，造林者追求造林成活率和植被覆盖度导致人工林初植密度均较大（Wang et al.，2012；邵明安等，2016）。但是，也有研究指出，人工林的造林密度以及林木个体生长和空间配置均较均匀，在人工林地内出现自然分化的可能性并不是很大（陈宝群等，2009）。在晋西黄土区，土壤水分资源的紧缺是抑制人工林生长发育的主要因素，在土壤水分资源不足的情况下，林木生长自然受到直接影响，优胜劣汰的自然竞争是导致在过去的三十年左右的植被恢复期里刺槐林、油松林和刺槐油松混交林林分密度出现不同的分布情况的最大可能性因素（图 4-1～图 4-4）。林分密度的分布不均也是造成其它林分结构因子出现差异的主要原因。研究结果表明，在刺槐林、油松林、油松刺槐混交林和次生林中十个林分结构因子分布特征均存在较大的差异。这些结构因子之间的这种差异性是林分结构复杂化的决定因子，更是四种典型林分发挥水土保持功能不同的决定因素，总体上表现为次生林林分结构较人工林为稳定。比如次生林的林木胸径和林木树高分布较人工林更为均匀，这与陈科屹等（2017）研究结果相似。

　　从相似性的角度来看，研究发现四种典型林分中的胸径和树高因子的分布特征均随径阶和高阶呈单峰分布，冠幅因子随着冠幅区间也表现为先增大后减小的变化趋势，该研究发现与岳永杰等（2009）和张杰铭等（2019）研究结果相似。研究还发现刺槐林、油松林、刺槐油松混交林以及次生林等不同林分类型中林分角尺度和大小比数与林分密度之间的变化规律基本一致，该变化规律表明四种典型林分的空间分布格局以团状分布为主而均匀分布的情况较少，这可能与植被恢复过程中由于林分生长所需的水资源和养分资源不足，存在林内竞争关系而导致部分林木生长出现死亡（Hou et al.，2019），最终各林分表现为团状分布的空间分布格局居多，这与岳永杰等（2008）研究结果相似。结果表明，在刺槐林和油松林等人工林中的角尺度更多表现为随机分布，林分角尺度与林木大小比数存在较高的关联性。结果还表明次生林林层指数表现出较强的异质性和复杂性，也说明次生林的林分结构更为复杂。林分结构越复杂，生态系统越稳定，四种典型林分的林层指数基本小于 0.5，可见研究区内的四种典型林分的林分层次并不发达，林分层次几乎未超过 2 层，研究区内的生态系统并不是很稳定，因此，四种典型林分的生长状况大小差异较小。此外，混交林和次生林具有混交度，而刺槐林和油松林属于纯林，不具有混交度的概念。从林分空间结果上来看混交林的空间分布格局较纯林更接近于次生林。因此，混交林和次生林更利于森林生态系统的稳定，这与森林经营中对林分经营管理政策和建议相一致。

就水土保持功能研究而言，结果表明不同林分发挥水土保持功能具有不同程度的偏重，次生林对林地土壤和养分的保护能力和蓄水减沙能力方面均优于人工林（刺槐林、油松林、刺槐油松混交林），这与连振龙（2008）的研究结果相同。在涵养水源功能方面，混交林的林冠截留能力表现最好，但在枯落物持水能力方面，四种林分无较大差异，但依然表现为次生林大于人工林，混交林大于纯林。但在土壤蓄水能力方面次生林地与人工林地存在较大差异，次生林地土壤入渗能力却不比人工林地土壤入渗能力强，但次生林地土壤含水量几乎是人工林地土壤含水量的两倍，可见并不是入渗能力越大，土壤含水量越大，可能与根系分布和土壤结构有关，还有更大的可能性就是人工林地出现"土壤干层"（段晨宇，2017；Wang et al.，2016），导致人工林地虽然入渗能力强但土壤含水量不及次生林地。

在土壤保育功能方面，次生林地土壤全氮和土壤氨氮含量均高于人工林地，且含量存在显著差异，但是次生林地的硝氮含量、全磷含量以及速效磷量却表现为次生林地与人工林地差异性并不大，含量几乎持平。对于有机质因子而言，次生林地的有机质含量远大于人工林地有机质含量，其含量是人工林地的 6 倍左右，可见，次生林地有机质物质非常丰富。结果表明，叶面积指数在人工林中表现为波动的变化趋势，而在次生林中随着林分密度的增大而增大。因此，次生林的林冠截留能力和树干截留能力均强于人工林，且林下植被生物多样性也会多于人工林，相应地，次生林林地枯落物蓄积量多于人工林（周巧稚等，2018）。

在蓄水减沙功能方面，结果表明刺槐林、油松林、刺槐油松混交林和次生林的拦截径流和泥沙的能力各不相同。人工林地径流量大于次生林，人工林地产流量是次生林地的两倍，油松林地产流量最大，是次生林地产流量的三倍。从产沙量来看，人工林地的产沙量几乎是次生林地产沙量的两倍，相应地，油松林地产沙量最大，而混交林地产沙量和产流量虽然也比次生林地大很多，但相比纯林来说，其产流和产沙量均有很大减少，可见，营造混交林对防止水土流失的效果比纯林可提高 15%～35% 左右，这与高成德和余新晓（2000）的研究结果相似。

次生林由于其复杂的林分结构和丰富的林下植被组成结构使得降雨会依次经过高大乔木、小乔木、灌木、草本层和枯落物层的拦截作用，结果表明，次生林地林下植被 α 多样性指数为 3.61，均匀度指数为 0.79，而人工林地林下植被 α 多样性指数为 3.61，均匀度指数为 0.79。这说明，次生林林分结构在垂直方向上较人工林复杂，具有较稳定的林分结构体系，这与马履一等（2007）、李梁等人（2018）的研究结果相同。在相同研究区内，在次生林地内，降雨量相同的情况下，次生林地对拦截降水进行转换为土壤水的量要多于人工林，以最大入渗量存储至土壤层中，另外，在较为完整的林分结构组成条件下，林地土壤水分蒸发强度较人工林小，土壤水分耗散速率也较小。在表层土壤水分相对充足的条件下，枯枝落叶在受水汽的作用下，其组织更易于归还至土壤层，也更易于土壤微生物对其进行分解，枯落物的分解量和进度和也会随之增加，在微生物的分解作用下土壤中的氮、磷、钾和有机质等基本养分也会随之增加，在激素的诱导作用下将利于次生林地植被根系萌蘖（张锋，2010）。

由于其土壤水分存储量大，植被组成复杂，枯枝落叶凋落至土壤表层，将诱发滋生更多微生物种群，在丰富的微生物分解和转化作用下，植被中的大量元素和微量元素会以离子的形态被重新参与到元素物质的循环过程中（Waning and Schlesinger, 1985; 宋小帅等，2014; 侯贵荣等，2018），因此，次生林地在土壤保育方面具有人工林达不到的能力。相应地，在高大乔木、小乔木、灌木、草本层和枯落物层等复杂垂直层的拦截作用下，在降雨过程中，雨滴的动能可能被显著减弱，因此，次生林林冠截留能力较人工林强，而在人工林中，刺槐林的保持土壤养分能力较强；而多树种混交的林分相比单一树种林分有更优的涵养水源、保持土壤水分和蓄水减沙效果，各林分均可发挥涵养水源、保育土壤和蓄水减沙等水土保持功能，只是其具有的功能大小有所不同。在黄土高原地区，由于多数植被类型为人工林，因此，应当对当地次生林进行全面保护。对人工林进行"纯改混"，以加强林分的生态水分过程和增强其生态水文功能。

4.4　本章小结

本章分析了研究区内刺槐林、油松林和刺槐×油松混交林及次生林等不同林分的 10 个林分结构因子和 3 大水土保持功能特征，同时也对四种林分开展水土保持功能的特征分析与综合评价，其结论为：

（1）就林分结构来说，人工林次生林的林分密度分布存在较大异质性，而次生林林分密度分布较为均匀。胸径和树高的径阶分布均呈单峰曲线即正态分布；冠幅分布随冠幅区间、郁闭度随林分密度均为先增大而逐渐减小的变化规律，四种典型林分的林分密度分别于 1600 株·hm^{-2}、1100 株·hm^{-2}、1600 株·hm^{-2}、1400 株·hm^{-2} 的样地数量最多；每种林分类型的平均林木竞争指数随林分密度增大逐渐增加；四种典型林分的林层指数随林分密度变化均呈缓慢波动的变化差异，无明显变化规律。各林分的叶面积指数与林分密度有一定的关系，这种关系在次生林中表现不明显，而在人工林中表现较为显著；四种典型同林分的林分结构分布状态存在差异，多树种的林分其林木个体差异程度较小，同时也较为相似，多树种的林分空间分布格局较单一树种林分具有更好的空间分布格局。

（2）在水土保持功能方面：混交林的林冠截留能力相对其他三种林分类型而言较大；刺槐林未分解的枯枝落叶本身持水能力较强，而油松林和次生林表现为半分解状态时持水能力会更强，而混交林表现为两种状态下的持水能力基本持平。油松林地的土壤入渗能力最大但土壤质量含水量最低，次生林地土壤入渗能力最小，但其土壤质量含水量最高。四种典型林地的土壤有机质、TN 和 TP 相对其他指标的含量较高。次生林土壤储水能力大于人工林，而多树种混交的林地大于单一树种的纯林。而纯林在保持土壤养分方面效果较好。次生林地的蓄水减沙效益优于人工林，混交林的水土流失量相对刺槐和油松最少。

（3）每种林分都会发挥不同强度的水土保持功能，且在水土保持功能中发挥强度各异。不同林分水土保持功能综合评价结果表明，在晋西黄土区，油松林和刺槐林两种典型林分均存在水土保持功能低效现象，急需对这两种典型林分开展林分结构配置优化研究，考虑到实际种植情况，优先对刺槐林开展低效林林分结构配置研究。

第 5 章　低效刺槐林判别、分类分级及林分特征分析

一般的，需要进行林分结构配置的林分一般都存在生态功能失衡、林木树种单一、林地土壤环境较差、林分结构配置不合理等基本特征。对低效林林分结构优化是一项非常复杂且困难的工作。因为需要对所有目标林分的林分结构和生态功能整体情况进行诊断，然后在诊断结果上对目标林分低效等级进行划分，然后制定和采取相应的林分改造和管理措施。在生态学、森林生态学、森林水文等研究领域中，地形条件（经纬度、海拔高程、坡向坡位）对森林植被的生长和分布存在较大影响。此外，气候学和土壤学中，森林植被的生长和分布随气候和土壤的差异存在较大差异。可见，植被–人气–土壤–环境是一个极其复杂的连续体，它们相互影响和相互制约各自的发生和发展过程。在进行低效林改造的时候，这几个影响因素往往成为众多学者开展研究工作时必须参考的主要依据（张劲峰，2011；Zhang and Sen，2013；茹豪，2015）。低效林类型的划分都是以营林目的为主要参考依据。通过构建水土保持功能综合指数（soil and water conservation benefits indicator，SWBI）来反映晋西黄土区刺槐林的水土保持综合功能，将此水土保持功能综合指数值的高低作为划分低效林的重要参考依据。

以晋西黄土区典型刺槐林林分为研究对象，对低效林界定、低效成因开展研究和分析。根据 SEM 的耦合结果筛选和确定对水土保持功能具有显著影响作用的林分结构因子，以正常刺槐林分为对照，对不同低效等级刺槐林林分结构特征和低效成因进行分析，为晋西黄土区低效林林分结构优化配置提供有效的参考依据。

5.1　低效林界定

5.1.1　水土保持功能综合指数构建

已有研究结果报道黄土高原地区的防护林体系的生态主导功能包括水土保持功能和植物多样性保护功能（朱朵菊，2018）。因此，在分析刺槐林生态主导功能的时候主要考虑水土保持功能和植物多样性保护功能，选取林冠层、枯落物层、灌木层、土壤层以及草本层总计二十个功能性指标来分析晋西黄土区刺槐林水土保持综合功能。选取的刺槐林水土保持效益功能性指标如图 5-1 所示。

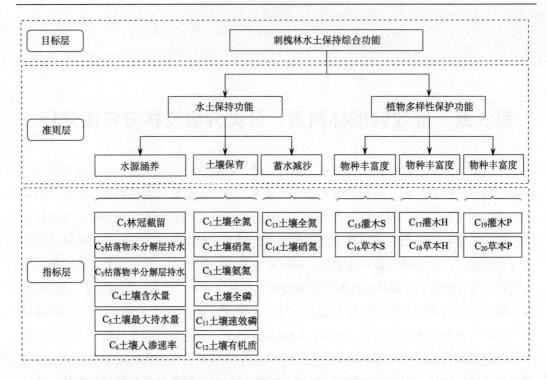

图 5-1　刺槐林水土保持综合功能评价指标体系

通过构建刺槐林水土保持功能综合评价指标体系（图 5-1），应用坐标综合评定法计算刺槐林水土保持功能综合指数（SWBI），对刺槐林水土保持功能进行评价，为低效刺槐林的判定和提供依据。刺槐林水土保持功能评价结果如表 5-1 所示。评价结果表明，刺槐林的 SWBI 最大值为 9.04，最小值为 0.96，平均值为 5.59（表 5-1）。然而，由于没有水土保持功能等级分类，截至目前并不清楚研究区刺槐林水土保持功能究竟处于何种水平，因此，需要根据 SWBI 对刺槐林进行等级划分，该结果对评价刺槐林的健康状况具有重要意义。

表 5-1　刺槐林水土保持效益评价结果

样地号	SWBI	样地号	SWBI	样地号	SWBI	样地号	SWBI	样地号	SWBI
1	8.26	10	5.86	19	6.32	28	6.72	37	6.85
2	7.82	11	6.86	20	6.31	29	8.74	38	6.82
3	7.71	12	6.5	21	6.54	30	8.65	39	6.79
4	7.48	13	8.34	22	6.5	31	8.51	40	6.77
5	6.59	14	1.81	23	6.49	32	1.95	41	6.5
6	6.58	15	1.58	24	6.49	33	6.22	42	6.48
7	5.53	16	1.35	25	4.39	34	6.18	43	6.45
8	9.04	17	6.44	26	4.34	35	6.09	44	6.44
9	6.11	18	6.36	27	2.98	36	6.09	45	4.12

续表

样地号	SWBI	样地号	SWBI	样地号	SWBI	样地号	SWBI	样地号	SWBI
46	6.65	76	4.6	106	5.82	136	2.06	166	6.65
47	6.63	77	7.25	107	5.8	137	6.24	167	6.67
48	5	78	6.91	108	4.77	138	5	168	6.47
49	6.52	79	6.79	109	6.31	139	6.24	169	6.61
50	6.51	80	6.75	110	6.3	140	6.68	170	6.16
51	6.51	81	4.97	111	6.26	141	3.83	171	2.49
52	6.51	82	2.55	112	6.24	142	6.74	172	4.83
53	6.14	83	2.53	113	6.69	143	6.65	173	6.58
54	6.13	84	2.5	114	6.67	144	6.76	174	6.75
55	6.11	85	6.38	115	6.67	145	6.73	175	1.79
56	6.07	86	6.36	116	7.3	146	6.45	176	2.47
57	4.49	87	6.35	117	3.32	147	5.93	177	5.58
58	5.44	88	6.33	118	5.12	148	6.49	178	3.53
59	6.09	89	6.69	119	4.09	149	2.34	179	4.86
60	6.08	90	6.67	120	3.05	150	6.52	180	5.39
61	6.22	91	6.65	121	1.11	151	3.88	181	3.34
62	6.2	92	6.64	122	6.72	152	6.62	182	4.82
63	6.18	93	6.62	123	0.96	153	6.07	183	3.8
64	6.16	94	6.69	124	7.27	154	1.85	184	4.77
65	6.6	95	6.61	125	6.69	155	6.5	185	1.32
66	6.56	96	6.59	126	1.3	156	6.52	186	3.12
67	6.52	97	1.91	127	2.32	157	6.62	187	5.59
68	6.51	98	1.83	128	4.94	158	6.43	188	3.12
69	6.74	99	8.37	129	7.45	159	6.3	189	5.49
70	5.75	100	8.2	130	7.46	160	6.09	190	5.44
71	2.64	101	6.99	131	7.32	161	6.1	191	4.75
72	2.63	102	6.79	132	6.68	162	6.88	192	3.68
73	3.71	103	6.78	133	2.21	163	6.55	193	5.63
74	5.68	104	6.77	134	2.24	164	6.46	194	1.6
75	5.63	105	6.71	135	2.19	165	6.66	195	1.97

5.1.2　低效林判定

　　在确定评价刺槐林的低效阈值的时候应考虑各林分结构指标与水土保持功能（SWBI）的分布关系，因此，本节根据图形解析法确定评价刺槐林的低效阈值。图 5-2 表

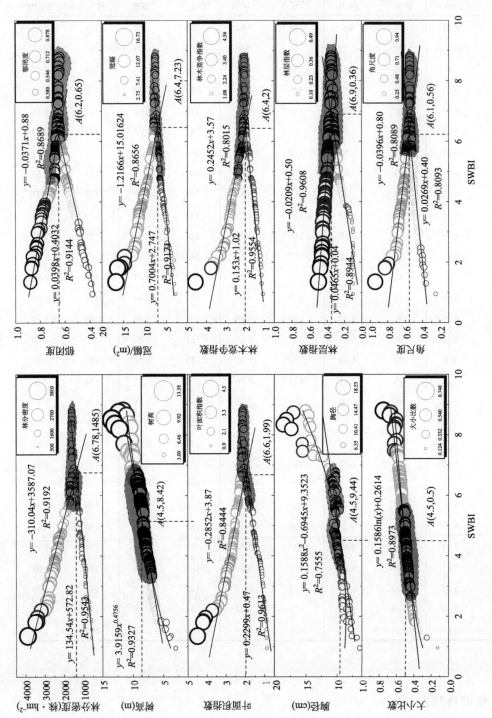

图 5-2　基于 SWBI 的低效刺槐林阈值的确定

明单一林分结构指标对应的适宜水土保持功能（SWBI）不同。树高、胸径、林木大小比
这个三个林分结构与水土保持功能（SWBI）分别呈指数函数、一元二次函数、对数函数
分布，由图像和方程求解得到三个林分结构对应的适宜 SWBI 值为 4.5。而林分密度、郁
闭度、冠幅、叶面积指数、林木竞争指数、林层指数和角尺度其等林分结构随刺槐林水
土保持功能呈现两极分化，由图像可知这七个林分结构指标对应的适宜 SWBI 值存在两
段区间，通过回归分析求解得到林分密度、郁闭度、冠幅、叶面积指数、林木竞争指数、
林层指数和角尺度对应的适宜 SWBI 值分别为 6.78、6.2、6.4、6.6、6.4、6.9 和 6.1。在
评价过程中，每个林分结构指标应该具有相同的权重，因此，对这 10 个林分结构指标的
所有适宜的 SWBI 值进行平均，将 SWBI 值等于 6 作为判别低效刺槐林和正常刺槐林的
阈值界限，结合坐标综合评定法规则可知，当 SWBI>6 时表明对应的刺槐林的水土保持
效益处于一个较高水平，即判定为正常刺槐林；而当 SWBI<6 时表明刺槐林的水土保持
效益处于一个较低水平，对应的刺槐林判定为低效刺槐林。

5.2　低效林分级

根据上一节的研究结论可知，当 SWBI<6 时表明刺槐林的水土保持效益处于一个较
低水平，对应的刺槐林判定为低效刺槐林。但是在划分为低效林的刺槐林地中，并非所
有林分同属于相同的低效等级，为制定科学、高效的低效刺槐林林分结构优化技术，需
对低效刺槐林进行不同等级划分。

表 5-2　低效刺槐林划分结果

样地号	类型	样地号	类型	样地号	类型	样地号	类型	样地号	类型
1	Norm.	15	L_3	29	Norm.	43	Norm.	57	L_1
2	Norm.	16	L_3	30	Norm.	44	Norm.	58	L_1
3	Norm.	17	Norm.	31	Norm.	45	L_1	59	Norm.
4	Norm.	18	Norm.	32	L_3	46	Norm.	60	Norm.
5	Norm.	19	Norm.	33	Norm.	47	Norm.	61	Norm.
6	Norm.	20	Norm.	34	Norm.	48	L_1	62	Norm.
7	L_1	21	Norm.	35	Norm.	49	Norm.	63	Norm.
8	Norm.	22	Norm.	36	Norm.	50	Norm.	64	Norm.
9	Norm.	23	Norm.	37	Norm.	51	Norm.	65	Norm.
10	L_1	24	Norm.	38	Norm.	52	Norm.	66	Norm.
11	Norm.	25	L_1	39	Norm.	53	Norm.	67	Norm.
12	Norm.	26	L_1	40	Norm.	54	Norm.	68	Norm.
13	Norm.	27	L_2	41	Norm.	55	Norm.	69	Norm.
14	L_3	28	Norm.	42	Norm.	56	Norm.	70	L_1

样地号	类型	样地号	类型	样地号	类型	样地号	类型	样地号	类型
71	L_2	96	Norm.	121	L_3	146	Norm.	171	L_2
72	L_2	97	L_3	122	Norm.	147	L_1	172	L_1
73	L_2	98	L_3	123	L_3	148	Norm.	173	Norm.
74	L_1	99	Norm.	124	Norm.	149	L_2	174	Norm.
75	L_1	100	Norm.	125	Norm.	150	Norm.	175	L_2
76	L_1	101	Norm.	126	L_3	151	L_2	176	L_2
77	Norm.	102	Norm.	127	L_2	152	Norm.	177	L_2
78	Norm.	103	Norm.	128	L_1	153	Norm.	178	L_1
79	Norm.	104	Norm.	129	Norm.	154	L_3	179	L_2
80	Norm.	105	Norm.	130	Norm.	155	Norm.	180	L_2
81	L_1	106	L_1	131	Norm.	156	Norm.	181	L_2
82	L_2	107	L_1	132	Norm.	157	Norm.	182	L_1
83	L_2	108	L_1	133	L_2	158	Norm.	183	L_2
84	L_2	109	Norm.	134	L_2	159	Norm.	184	L_1
85	Norm.	110	Norm.	135	L_2	160	Norm.	185	L_3
86	Norm.	111	Norm.	136	L_2	161	Norm.	186	L_2
87	Norm.	112	Norm.	137	Norm.	162	Norm.	187	L_1
88	Norm.	113	Norm.	138	L_1	163	Norm.	188	L_2
89	Norm.	114	Norm.	139	Norm.	164	Norm.	189	L_1
90	Norm.	115	Norm.	140	Norm.	165	Norm.	190	L_1
91	Norm.	116	Norm.	141	L_2	166	Norm.	191	L_1
92	Norm.	117	L_2	142	Norm.	167	Norm.	192	L_2
93	Norm.	118	L_1	143	Norm.	168	Norm.	193	L_1
94	Norm.	119	L_1	144	Norm.	169	Norm.	194	L_2
95	Norm.	120	L_2	145	Norm.	170	Norm.	195	L_3

注：Norm.指正常林分；L_1指轻度低效等级；L_2指中度低效等级；L_3指重度低效等级。

　　参考前人研究结果，根据等差数列数学公式对低效刺槐林 SWBI 值（0<SWBI<6）进行三个低效等级划分为轻度低效、中度低效和重度低效三个低效等级。将低效刺槐林 SWBI 值看作一个数据集，因此，有轻度低效刺槐林的水土保持效益综合指数介于 a_0～a_1 之间，中度低效刺槐林的水土保持效益综合指数介于 a_1～a_2 之间，重度低效刺槐林的水土保持效益综合指数介于 a_2～a_3 之间。根据等差数列公式特性，将低效刺槐林 SWBI 数据集确定为 a_0 为 0，a_1 为 2，a_2 为 4，a_3 为 6，因此，该等差数列为首项为 0，公差为 2，包含五个元素的等差数列，通项公式为：$an=0+(n-1)×2$。相应地，有轻度低效刺槐林的水土保持效益综合指数介于 4～6 之间，中度低效刺槐林的水土保持效益综合指数

介于 2～4 之间，重度低效刺槐林的水土保持效益综合指数介于 0～2 之间。而对于水土保持效益综合指数大于 6 的高效刺槐林被选作为低效刺槐林优化的参照目标，不再进一步进行等级划分，最终的划分结果如表 5-2 所示。

根据前文得出的轻度低效、中度低效和重度低效刺槐林的划分结果，对不同等级的刺槐林比重进行统计（图 5-3）。

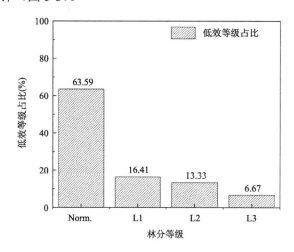

图 5-3　刺槐林不同低效等级占比

Norm.指正常林分；L_1 指轻度低效等级；L_2 指中度低效等级；L_3 指重度低效等级

图 5-3 结果表明，在选取的刺槐林样地中，水土保持功能发挥正常的刺槐林占比为 63.59%，这表明该部分刺槐林在生态环境中可以持续稳定发挥水土保持和植物多样性保护生态功能。而 36.41% 的刺槐林在水土保持功能和植物多样性保护方面存在低效现象，这表明所选取的刺槐林样地中近 36% 的刺槐林林分结构与水土保持功能（水土保持功能和植物多样性保护功能）之间存在不协调关系，导致刺槐林水土保持效益呈现低效现象。其中，16.41% 的刺槐林处于轻度低效状态，虽然这种轻度低效水平并不会很大程度上影响林分主要生态功能与林分结构之间的协调，但这种类型的林分存在退化趋势，为了防治这种趋势加重，需要进一步优化林分结构。中度低效刺槐林和重度低效刺槐林的占比分别为 13.33% 和 6.67%。为了提高低效刺槐林水土保持功能，有必要对其林分结构进行优化和调控。

5.3　低效林成因

5.3.1　林分结构配置不合理

5.3.1.1　轻度低效林

刺槐林林分结构的合理性决定其水土保持功能的优劣程度，根据前文对水土保持功能综合评价结果表明，典型研究区内的刺槐林生态系统内存在轻度低效刺槐林类型。为探究轻度低效刺槐林林分结构与其水土保持功能的关系，解析影响刺槐林水土保持功能的主要林分结构因子，选用林分密度（SD）、林分郁闭度（CD）、林木胸径（DBH）、林木树高（TH）、单株冠幅（CA）、叶面积指数（LAI）、林分角尺度（AS）、林木竞争指数（TCI）、林木大小比（SR）、林层指数（FLI）等十个林分结构因子，借助结构方程模型对轻度低效刺槐林林分结构与水土保持功能进行关系分析。为了保证数据满足结构方程模型的运行要求，需要对待分析数据进行信度和效度分析，即保证数据的可靠性和有效性。分析结果表明，轻度低效刺槐林林分结构指标数据通过了信度和效度分析（图5-4），满足 SEM 模型构建的分析要求，建模结果如图 5-5 所示。

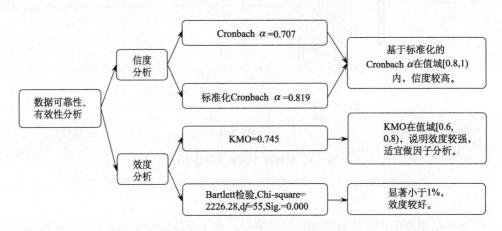

图 5-4　轻度低效刺槐林林分结构与水土保持功能的信度和效度分析

从轻度低效刺槐林林分结构与水土保持功能耦合模型（图 5-5）可以看出，该模型的卡方 χ^2 =194.688，自由度 χ^2 / df =42，模型显著性 P=0.095＞0.05，模型不被拒绝，可接受用于表达轻度低效林林分结构与功能关系。另外，模型的各项参数值也说明模型与其建模数据得到较好的匹配度。

此外，由图 5-5 可知，对于轻度低效刺槐林类型来说，所选取的十个刺槐林林分结构指标对其水土保持功能产生不同程度的影响作用。①林分密度（SD）、林木树高（TH）、林分郁闭度（CD）、单株冠幅（CA）、林木竞争指数（TCI）、林分角尺度（AS）叶面积指数（LAI）等七个林分林分结构与水土保持功能之间存在正影响。根据各路径系数可知这七个林分结构指标对水土保持功能的影响程度为：林分密度（0.88）＞林木树高（0.74）＞单株冠幅（0.67）＞叶面积指数（0.65）＞林分郁闭度（0.33）＞林木竞争指数（0.13）＝林分角尺度（0.13）。②林木胸径（DBH）、林木大小比（SR）、林层指数（FLI）等三个林分林分结构与水土保持功能之间存在微小的负影响。根据各路径系数可知这三个林分结构指标对水土保持功能的影响程度为：林层指数（|0.17|）＞林木胸径（|0.09|）＞林

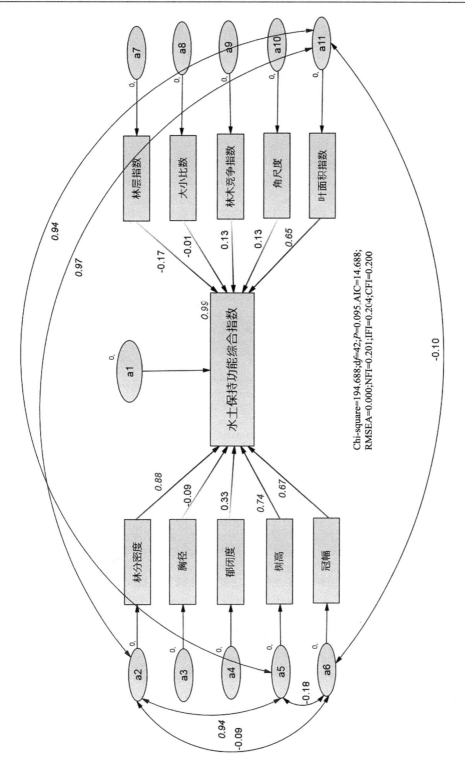

图 5-5　轻度低效刺槐林林分结构与水土保持功能关系分析

木大小比（|0.01|）。③图 5-5 也表明在这些林分结构中林分密度、林木树高、单株冠幅、叶面积指数四个林分结构指标对水土保持功能（SWBI）的影响显著大于其他林分结构指标。这表明可以通过调控这四个主要林分结构指标进而提高轻度低效刺槐林的水土保持功能。另外，图 5-5 还表明林分叶面积指数和林木树高与林分密度之间的相关性大于 0.9，也就是说，轻度低效刺槐林的林分结构调控可以尝试通过调控林分密度来实现林分结构的空间配置优化。

5.3.1.2　中度低效林

为了保证数据满足结构方程模型的运行要求，需要对待分析数据进行信度和效度分析，即保证数据的可靠性和有效性。分析结果表明，中度低效刺槐林林分结构指标数据通过了的信度和效度分析（图 5-6），满足 SEM 模型构建的分析要求，建模结果如图 5-7 所示。

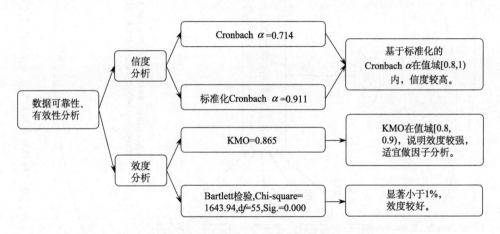

图 5-6　中度低效刺槐林林分结构与水土保持功能的信度和效度分析

从中度低效刺槐林林分结构与水土保持功能耦合模型（图 5-7）可以看出，该模型的卡方 χ^2 =140.111，自由度 χ^2 / df =41，模型显著性 P=0.121＞0.05，模型不被拒绝，可接受用于表达轻度低效林林分结构与功能关系。另外，模型的各项参数值也说明模型与其建模数据得到较好的匹配度。由图 5-7 可知，对于中度低效刺槐林类型来说，所选取的十个刺槐林林分结构指标对其水土保持功能产生不同程度的影响作用：①林分密度（SD）、林木胸径（DBH）、林木树高（TH）、林分郁闭度（CD）、单株冠幅（CA）、林木竞争指数（TCI）、林层指数（FLI）、林分角尺度（AS）、叶面积指数（LAI）等九个林分结构与水土保持功能之间存在正相关影响。根据各路径系数可知这九个林分结构指标对水土保持功能的影响程度为：林分密度（0.87）＞林分郁闭度（0.83）＞林木竞争指数（0.71）＞林木树高（0.66）＞林分角尺度（0.64）＞林层指数（0.27）＞单株冠幅（0.20）

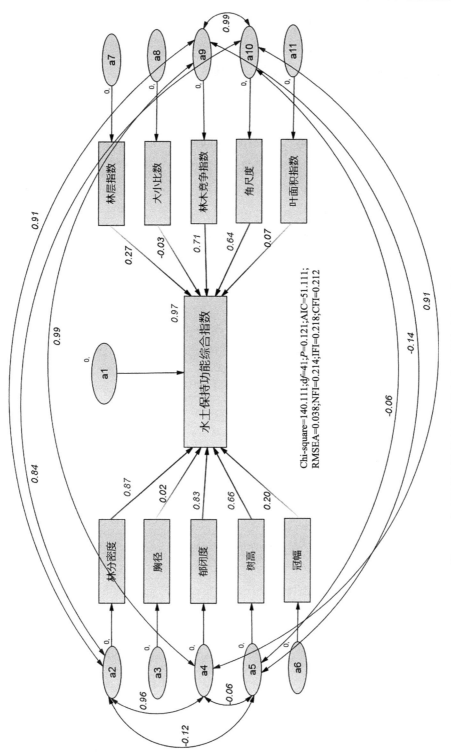

图 5-7 中度低效刺槐林林分结构与水土保持功能关系分析

＞叶面积指数（0.07）＞林木胸径（0.02）；②在所选的十个林分结构指标中唯有林木大小比（SR）对水土保持功能存在微小的负影响，其对水土保持功能的影响程度为|0.03|；③图 5-7 表明在这些林分结构中林分密度、林分郁闭度、林木竞争指数、林木树高、林分角尺度等五个林分结构指标对水土保持功能（SWBI）的影响显著大于其他林分结构指标。可以通过调控这五个主要林分结构指标进而提高中度低效刺槐林的水土保持功能。另外，图 5-7 还表明林分郁闭度、林木竞争指数和林分角尺度与林分密度之间的路径系数分别为 0.96 和 0.91、0.84，林分角尺度与林木树高之间的相关性系数为 0.91，可以通过调控林分密度和林木树高可以实现林分角尺度的优化。也就是说，在中度低效刺槐林的林分结构调控过程中，可以尝试通过调控林分密度来实现其他主要林分结构优化，从而实现中度低效刺槐林林分结构空间配置的优化。

5.3.1.3 重度低效林

为了保证数据满足结构方程模型的运行要求，需要对待分析数据进行信度和效度分析，即保证数据的可靠性和有效性。分析结果表明，中度低效刺槐林林分结构指标数据通过了的信度和效度分析（图 5-8），满足 SEM 模型构建的分析要求，建模结果如图 5-9 所示。

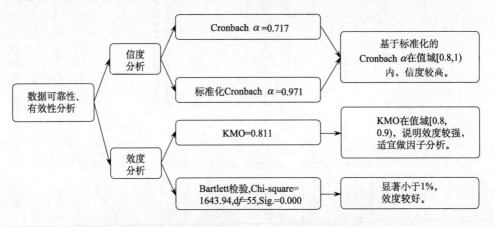

图 5-8　重度低效刺槐林林分结构与水土保持功能的信度和效度分析

从重度低效刺槐林林分结构与水土保持功能耦合模型（图 5-9）可以看出，该模型的卡方 χ^2 =228.889，自由度 χ^2/df =36，显著性概率 P=0.145＞0.05，模型不被拒绝，可接受用于表达轻度低效林林分结构与功能关系。另外，模型的各项参数值也说明模型与其建模数据得到较好的匹配度。由图 5-9 可知，对于重度低效刺槐林类型来说，所选取的十个刺槐林林分结构指标对其水土保持功能产生不同程度的影响作用：①林分密度（SD）、林木胸径（DBH）、林木树高（TH）、林分郁闭度（CD）、单株冠幅（CA）、林木竞争指数（TCI）、林层指数（FLI）、林分角尺度（AS）、叶面积指数（LAI）等九个林分林分结构与水土保持功能之间存在正影响。根据各路径系数可知这九个林分结构指标

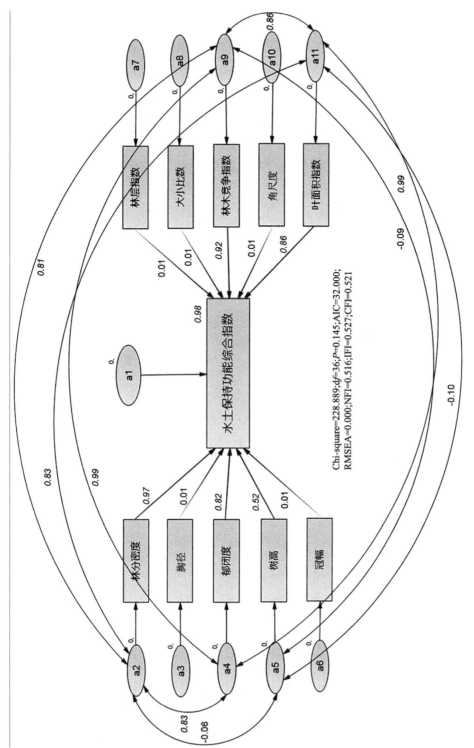

图 5-9　重度低效刺槐林林分结构与水土保持功能关系分析

对水土保持功能的影响程度为：林分密度（0.97）＞林木竞争指数（0.92）＞叶面积指数（0.86）＞林分郁闭度（0.82）＞林木树高（0.52）＞林分角尺度（0.34）＞林层指数（0.21）＞单株冠幅（0.16）＞林木胸径（0.01）；②在所选的十个林分结构指标中唯有林木大小比（SR）对水土保持功能存在微小的负影响，其对水土保持功能的影响程度为|0.02|；③图 5-9 表明在这些林分结构中林分密度、林分郁闭度、林木树高、林木竞争指数、林分叶面积指数等五个林分结构指标对水土保持功能（SWBI）的影响显著大于其他林分结构指标。可以通过调控这五个主要林分结构指标进而提高重度低效刺槐林的水土保持功能。另外，图 5-9 还表明林分郁闭度、林木竞争指数、林分叶面积指数与林分密度之间的路径系数分别为 0.83、0.81、0.83。也就是说，在重度低效刺槐林的林分结构调控过程中，可以尝试通过调控林分密度来实现其他主要林分结构优化，从而实现重度低效刺槐林林分结构空间配置的优化。

5.3.2 林地土壤水分、养分资源不足

5.3.2.1 气候条件暖干旱

（1）降雨年际变化趋势

1957～2018 年吉县年降水量的变化特征如图 5-10 所示，图中信息表明，研究区降水量年际分配不均，最低降水量为 277.60mm（1997 年），最高降水量为 768.20mm（1958 年），多年平均降水量为 516.71mm，标准差为 110.95mm，变异系数为 0.22。图 5-10 中

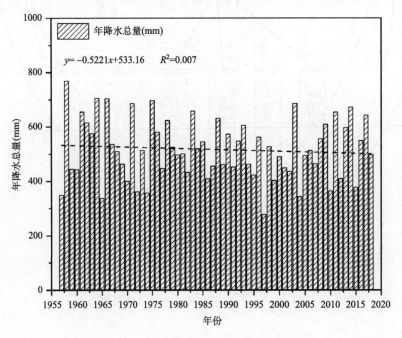

图 5-10　1957～2018 年吉县年降水量状况

年降水量的线性倾向估计以及对应的方程为回归分析结果表明，吉县年降水量表现为减少趋势，减少幅度为 5.22 mm·10a⁻¹。对 1957～2018 年吉县年降水量进行 M-K 趋势检验统和 Spearman 秩相关检验（表 5-3），结果表明在此期间，吉县年降水量的减少趋势不显著，但依然表现为缓慢的减少趋势。图 5-11 为 1957～2018 年吉县年降水量的 M-K 突变检验结果，根据 UF（K）曲线可知，降水量在 1968 年以前呈现增加趋势，而在 1968 年后变为减少趋势。1957～2018 年间，吉县年降水量可视为突变现象，降水量减少趋势的突变年份为 1968 年前后。

表 5-3　1957～2018 年吉县年降水量趋势检验结果

统计量	M-K 趋势检验统计量	pearman 秩相关检验系数	倾向斜率
统计结果	$\|Z\|$=0.459	$\|S\|$=0.4	B=−0.522
95%显著性	1.96	1.64	
显著性检验结果	不显著	不显著	

注：Z 为 M-K 趋势检验统计量，S 为 Spearman 秩相关检验系数，B（mm·a⁻¹）为倾向斜率。

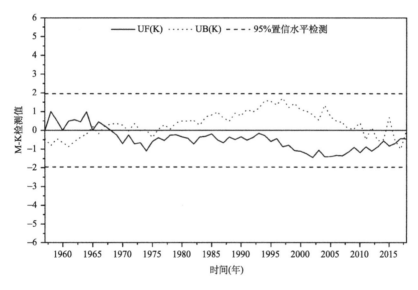

图 5-11　1957～2018 年吉县年降水量的 M-K 突变检验

（2）气温年际变化趋势

1957～2018 年吉县年平均气温的变化特征如图 5-12 所示，图中信息表明，研究区 1957～2018 年年平均气温在 8.94～11.59℃范围内波动，多年平均气温为 10.34℃，标准差为 0.64℃，变异系数为 0.06。图 5-12 中虚线表示年平均气温的线性倾向估计，对应的方程为回归分析结果，结果表明，吉县年平均气温表现为增加趋势，增加幅度为 0.23℃·10a⁻¹。对 1957～2018 年吉县年平均气温进行 M-K 趋势检验统和 Spearman 秩相关检验（表 5-4），结果表明 1957~2018 年吉县年平均气温呈现显著的增加趋势。图 5-13 为 1957~2018 年吉县年平均气温的 M-K 突变检验结果，根据 UF（K）曲线可知，年平均气温在 1994 年以后呈现显著的增加趋势。1957~2018 年间，吉县年平均气温可视为突变现象，春季平均气温增加趋势的突变年份为 1994 年。

表 5-4　1957~2018 年吉县秋季降水量趋势检验结果

统计量	M-K 趋势检验统计量	pearman 秩相关检验系数	倾向斜率
统计结果	|Z|=*4.859*	|S|=*6.14*	B=0.023
95%显著性	1.96	1.64	
显著性检验结果	显著	显著	

注 a：Z 为 M-K 趋势检验统计量，S 为 Spearman 秩相关检验系数，B（mm·a^{-1}）为倾向斜率。

注 b：*斜体*代表两种方法确定的趋势检验且通过 95%显著性检验。

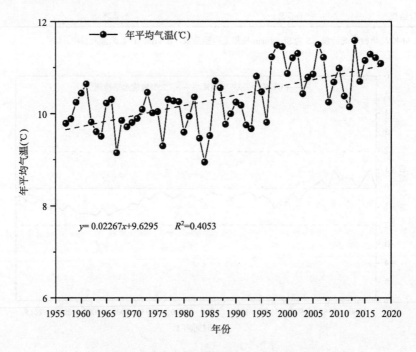

$$y = 0.02267x + 9.6295 \qquad R^2 = 0.4053$$

图 5-12　1957~2018 年吉县年平均气温状况

（3）干旱特征年际变化趋势

1957~2018 年间吉县年标准化降水蒸散指数的变化特征如图 5-14 所示，图中信息表明，研究区 1957~2018 年年标准化降水蒸散指数在-2.35~2.0 范围内波动，多年平均标准化降水蒸散指数为 0.00。根据年标准化降水蒸散指数的线性倾向估计以及对应的回归分析，回归方程表明，吉县年标准化降水蒸散指数值总体表现为减小趋势，减小幅度为 0.13·10a^{-1}。对 1957~2018 年吉县年标准化降水蒸散指数进行 M-K 趋势检验统和

Spearman 秩相关检验（表 5-5），结果表明 1957～2018 年吉县年标准化降水蒸散指数呈现不显著的降低趋势。图 5-15 为 1957～2018 年吉县年平均气温的 M-K 突变检验结果，根据 UF（K）曲线并结合干湿等级状况分级可知，吉县年标准化降水蒸散指数在 1990～1996 年之间为正值，这表明在该时间段内吉县的干旱状况得到轻微缓解，但吉县整体气候处于暖干旱状态，且这种干旱现象持续增加，这也将增加了土壤蒸发和植被蒸腾速率。

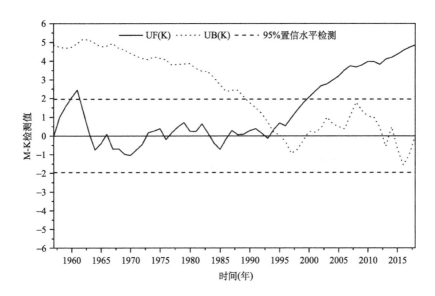

图 5-13　1957～2018 年吉县年平均气温的 M-K 突变检验

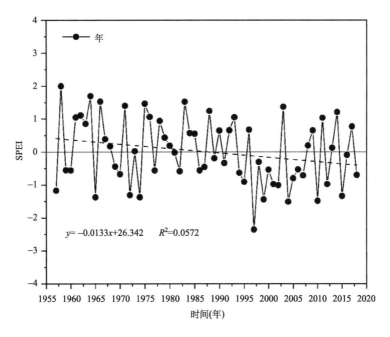

图 5-14　1957～2018 年吉县对应的年标准化降水蒸散指数

表 5-5　1957～2018 年吉县年标准化降水蒸散指数趋势检验结果

统计量	M-K 趋势检验统计量	pearman 秩相关检验系数	倾向斜率
统计结果	$\|Z\|=0.976$	$\|S\|=0.95$	$B=-0.013$
95%显著性	1.96	1.64	
显著性检验结果	不显著	不显著	

注：Z 为 M-K 趋势检验统计量，S 为 Spearman 秩相关检验系数，B（mm·a^{-1}）为倾向斜率。

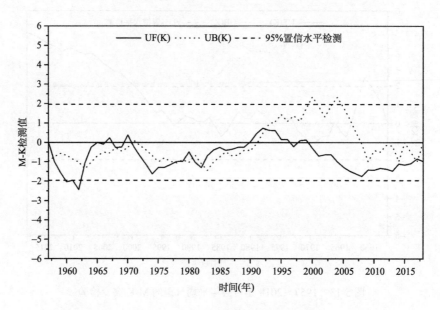

图 5-15　1957～2018 年吉县年标准化降水蒸散指数的 M-K 突变检验

（4）干旱特征季节变化趋势

（a）春季

1957～2018 年间吉县春季标准化降水蒸散指数的变化特征如图 5-16 所示，图中信息表明，研究区 1957～2018 年春季标准化降水蒸散指数在-1.56～1.97 范围内波动，多年春季平均标准化降水蒸散指数为-0.54。根据春季标准化降水蒸散指数的线性倾向估计和对应的回归分析，结果表明，吉县春季标准化降水蒸散指数值总体表现为减小趋势，减小幅度为 0.05·10a^{-1}。对 1957～2018 年吉县年标准化降水蒸散指数进行 M-K 趋势检验统和 Spearman 秩相关检验（表 5-6），结果表明 1957～2018 年吉县春季标准化降水蒸散指数和年标准化降水蒸散指数的变化趋势相同，亦呈现不显著的降低趋势。图 5-17 为 1957～2018 年吉县春季标准化降水蒸散指数的 M-K 突变检验结果，根据 UF（K）曲线并结合干湿等级状况分级可知，吉县年标准化降水蒸散指数在 1990～1996 年之间为正值，这表明在该时间段内吉县春季的干旱状况得到轻微缓解，但吉县春季整体气候处于持续增加的暖干旱状态。

表 5-6 1957～2018 年吉县春季标准化降水蒸散指数趋势检验结果

统计量	M-K 趋势检验统计量	pearman 秩相关检验系数	倾向斜率
统计结果	$\|Z\|=0.976$	$\|S\|=0.95$	$B=-0.005$
95%显著性	1.96	1.64	
显著性检验结果	不显著	不显著	

注：Z 为 M-K 趋势检验统计量，S 为 Spearman 秩相关检验系数，B（mm·a^{-1}）为倾向斜率。

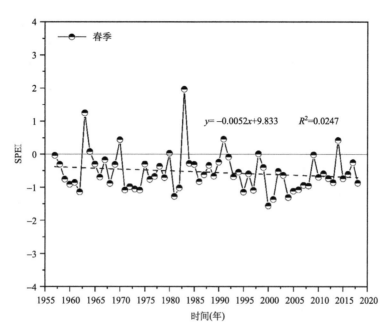

图 5-16 1957～2018 年吉县春季标准化降水蒸散指数

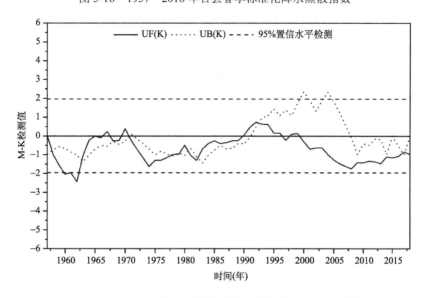

图 5-17 1957～2018 年春季准化降水蒸散指数的 M-K 突变检验

（b）夏季

1957～2018 年间吉县夏季标准化降水蒸散指数的变化特征如图 5-18 所示，图中信息表明，研究区 1957～2018 年夏季标准化降水蒸散指数在–2.54～3.26 范围内波动，多年夏季平均标准化降水蒸散指数为–0.72。根据夏季标准化降水蒸散指数的线性倾向估计以及对应回归分析，结果表明，吉县夏季标准化降水蒸散指数值总体表现为减小趋势，减小幅度为 $0.15 \cdot 10a^{-1}$。对 1957～2018 年吉县夏季标准化降水蒸散指数进行 M-K 趋势检验统和 Spearman 秩相关检验（表 5-7），结果表明 1957～2018 年吉县夏季标准化降水蒸散指数呈现不显著的降低趋势。图 5-19 为 1957～2018 年吉县夏季标准化降水蒸散指数的 M-K 突变检验结果，根据 UF（K）曲线并结合干湿等级状况分级可知，吉县夏季标准化降水蒸散指数自 1957 年以来一直处于下降趋势，吉县夏季整体气候处于暖干旱状态，且这种干旱现象持续增加，这也将增加生长季内的土壤蒸发和植被蒸腾速率。

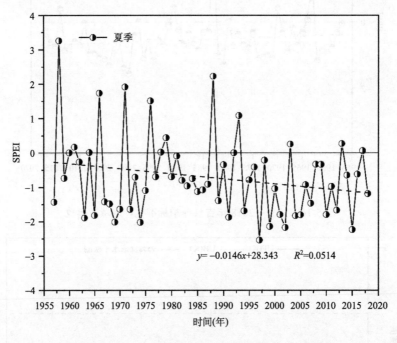

图 5-18　1957～2018 年吉县夏季标准化降水蒸散指数

表 5-7　1957～2018 年吉县夏季平均气温趋势检验结果

统计量	M-K 趋势检验统计量	pearman 秩相关检验系数	倾向斜率
统计结果	|Z|=1.206	|S|=1.18	B=–0.015
95%显著性	1.96	1.64	
显著性检验结果	不显著	不显著	

注：Z 为 M-K 趋势检验统计量，S 为 Spearman 秩相关检验系数，B（$mm \cdot a^{-1}$）为倾向斜率。

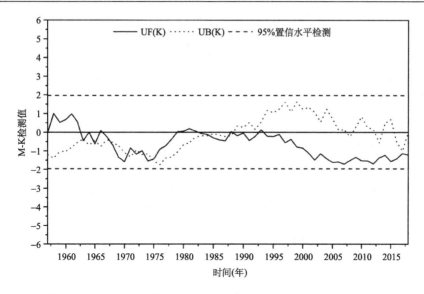

图 5-19 1957～2018 年夏季标准化降水蒸散指数的 M-K 突变检验

（c）秋季

1957～2018 年间吉县秋季标准化降水蒸散指数的变化特征如图 5-20 所示，图中信息表明，研究区 1957～2018 年秋季标准化降水蒸散指数在–1.07～3.18 范围内波动，多年秋季平均标准化降水蒸散指数为 0.62。根据秋季标准化降水蒸散指数的线性倾向估计，对应的回归分析结果表明，吉县秋季标准化降水蒸散指数值总体表现为减小趋势，减小幅度为 0.06·10a^{-1}。对 1957～2018 年吉县秋季标准化降水蒸散指数进行 M-K 趋势检验统

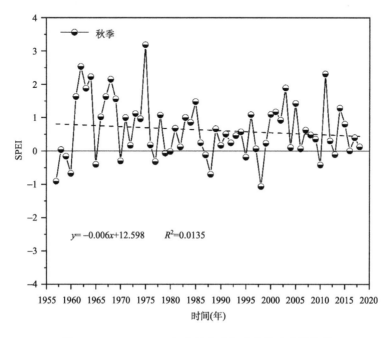

图 5-20 1957～2018 年吉县秋季标准化降水蒸散指数

和 Spearman 秩相关检验（表 5-8），结果表明 1957～2018 年吉县秋季标准化降水蒸散指数呈现不显著的降低趋势。图 5-21 为 1957～2018 年吉县秋季标准化降水蒸散指数的 M-K 突变检验结果，根据 UF（K）曲线并结合干湿等级状况分级可知，吉县秋季标准化降水蒸散指数自 1957～1980 年期间基本保持在 0～2 之间，该时间段内，吉县秋季整体气候处于正常和非常湿润的状态，而 1980 至今，吉县秋季整体气候处于持续增加的中度干旱状态，这也增加了生长季内的土壤蒸发和植被蒸腾速率。

表 5-8　1957～2018 年吉县秋季标准化降水蒸散指数趋势检验结果

统计量	M-K 趋势检验统计量	pearman 秩相关检验系数	倾向斜率
统计结果	$|Z|=0.678$	$|S|=0.52$	$B=-0.006$
95%显著性	1.96	1.64	
显著性检验结果	不显著	不显著	

注：Z 为 M-K 趋势检验统计量，S 为 Spearman 秩相关检验系数，B（mm·a^{-1}）为倾向斜率。

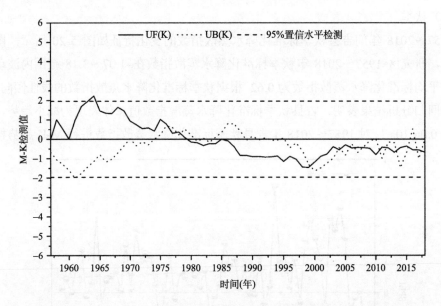

图 5-21　1957～2018 年吉县秋季标准化降水蒸散指数的 M-K 突变检验

（d）冬季

1957～2018 年间吉县冬季标准化降水蒸散指数的变化特征如图 5-22 所示，图中信息表明，研究区 1957～2018 年冬季标准化降水蒸散指数在 0.43～1.67 范围内波动，多年冬季平均标准化降水蒸散指数为 0.63。根据冬季标准化降水蒸散指数的线性倾向估计，对应的方程为回归分析结果，结果表明，吉县冬季标准化降水蒸散指数值总体表现为增加趋势，增加幅度为 0.05·10a^{-1}。对 1957～2018 年吉县冬季标准化降水蒸散指数进行

M-K 趋势检验统和 Spearman 秩相关检验（表 5-9），结果表明 1957～2018 年吉县冬季标准化降水蒸散指数呈现不显著的增加趋势。图 5-23 为 1957～2018 年吉县年平均气温的 M-K 突变检验结果，根据 UF（K）曲线并结合干湿等级状况分级可知，吉县冬季标准化降水蒸散指数在 20 世纪 80 年代出现突变现象，1980 年之前吉县冬季处于干旱状态，而 1980～2018 年吉县冬季气候状态处于湿润状态，但仍然表现为不显著的减少趋势，冬季气候状况表现为从正常倒退为干旱的趋势，即吉县冬季气候出现的暖干旱现象将持续增加。

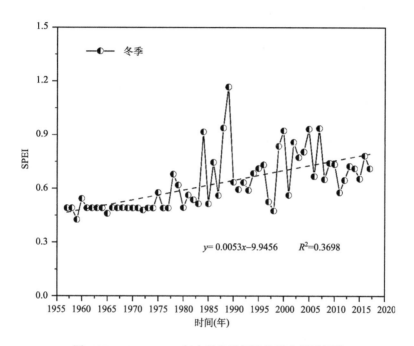

图 5-22　1957～2018 年吉县冬季标准化降水蒸散指数

表 5-9　1957～2018 年吉县冬季标准化降水蒸散指数趋势检验结果

统计量	M-K 趋势检验统计量	pearman 秩相关检验系数	倾向斜率
统计结果	|Z|=*5.306*	|S|=*17.62*	B=0.005
95%显著性	1.96	1.64	
显著性检验结果	显著	显著	

注 a：Z 为 M-K 趋势检验统计量，S 为 Spearman 秩相关检验系数，B（mm·a^{-1}）为倾向斜率。

注 b：*斜体*代表两种方法确定的趋势检验且通过 95%显著性检验。

（5）干旱特征月际变化趋势

1957～2018 年吉县月标准化降水蒸散指数的变化特征如图 5-24 所示，图中信息表明，研究区气候干湿状况呈现明显的时间分布规律，12 月至次年 4 月研究区气候情况处于正常和中度湿润之间。5 月至 11 月之间，吉县标准化降水蒸散指数呈现单峰曲线分布，气候条件由湿润到干旱最后再到湿润状态变化。干旱现象还是出现在 6 月、7 月和 8 月。SPEI 指数基本反映了吉县的降雨和气温在时间尺度上的变化规律，较为准确地反映出研究区的气候变化特征。对 1957~2018 年月标准化降水蒸散指数进行 M-K 趋势检验和 Spearman 秩相关检验（表 5-10），结果表明在 1 月、2 月、3 月以及 9 月时间段内吉县月标准化降水蒸散指数大于 0，呈现出显著的减少趋势，这表明在这些时间段里，研究区气候状况随着降雨量的增加，干旱情况得到一定程度的缓解。但是，在其他月份的时间段里，研究区的气候状况表现出不显著的干旱变化趋势。图 5-25 为 1957~2018 年吉县

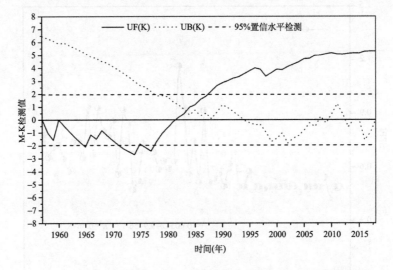

图 5-23　1957~2018 年吉县冬季标准化降水蒸散指数的 M-K 突变检验

表 5-10　1957~2018 年吉县月标准化降水蒸散指数趋势检验结果

月份	Z (t (0.05/2) =1.96)	显著性	S (t (0.05/2) =1.64)	显著性	B
1 月	|Z|=_3.021_>1.96	是	|S|=_3.03_>1.64	是	0.004
2 月	|Z|=_5.536_>1.96	是	|S|=_18.37_>1.64	是	0.006
3 月	|Z|=_2.458_>1.96	是	|S|=_2.8_>1.64	是	0.003
4 月	|Z|=1.114<1.96	否	|S|=1.08<1.64	否	−0.003
5 月	|Z|=0.976<1.96	否	|S|=0.95<1.64	否	−0.005
6 月	|Z|=0.85<1.96	否	|S|=0.88<1.64	否	−0.003
7 月	|Z|=1.436<1.96	否	|S|=1.43<1.64	否	−0.008
8 月	|Z|=1.206<1.96	否	|S|=1.18<1.64	否	−0.015
9 月	|Z|=_2.355_>1.96	是	|S|=_2.34_>1.64	是	−0.022
10 月	|Z|=1.803<1.96	否	|S|=_1.7_>1.64	是	−0.015
11 月	|Z|-0.678<1.96	否	|S|=0.52<1.64	否	−0.022
12 月	|Z|=0.494<1.96	否	|S|=0.44<1.64	否	0.002

注 a：Z 为 M-K 趋势检验统计量，S 为 Spearman 秩相关检验系数，B（mm·a^{-1}）为倾向斜率。

注 b：_斜体_代表两种方法确定的趋势检验且通过 95%显著性检验。

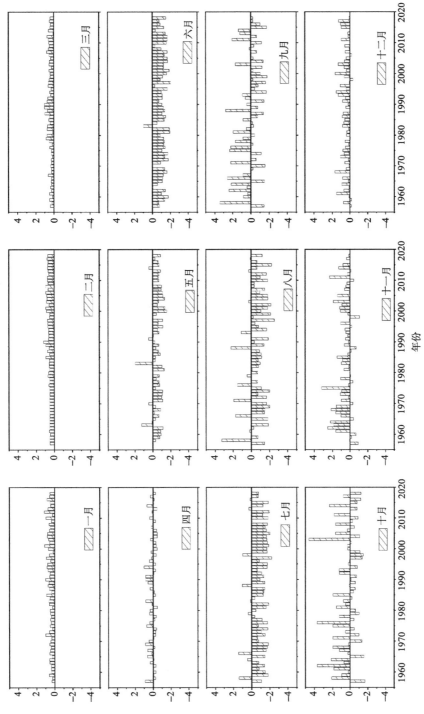

图 5-24　1957～2018 年吉县月标准化降水蒸散指数

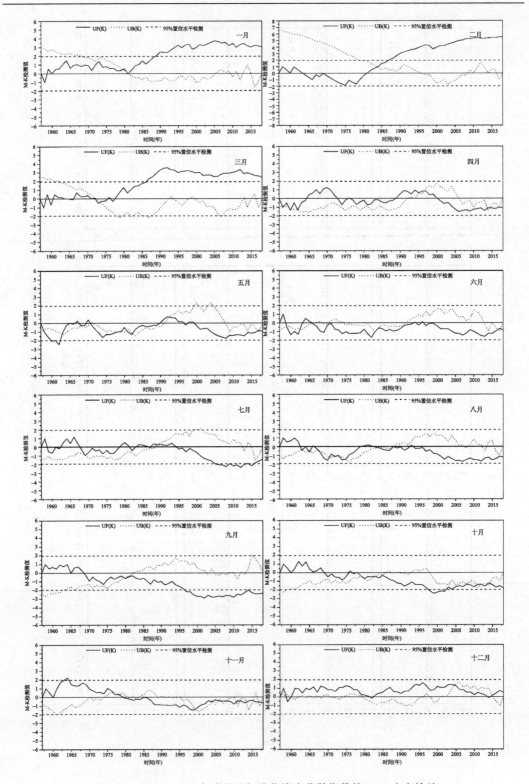

图 5-25 1957~2018 年吉县月标准化降水蒸散指数的 M-K 突变检验

月平均降雨量的 M-K 突变检验结果，根据 UF（K）曲线可知，非雨季 12～3 月吉县月标准化降水蒸散指数在上 1989 年前后呈现增加趋势，而在雨季（6～9 月），突变点出现在 1995 年左右，这表明受降雨的影响，吉县整体气候处于暖干旱变化趋势，而且这种变化趋势即将持续下去。

5.3.2.2　土壤水分含量低

（1）年际土壤水分变化特征

降水是土壤水分补给的主要来源，降水和空气温度是影响土壤水分输入和输出过程的主要因素之一。根据前文分析结果可知，从年际时间尺度上来看，降水和空气温度分别呈现降低和增加的趋势，这造成研究区内出现气候暖干旱现象，因此，土壤水分含量必然会受到影响。对不同林分密度刺槐林地土壤含水量的年际变化趋势进行分析，结果如图 5-26 所示。从图中可以看出不同林分密度的刺槐林地土壤水分含量及年际变化特征不同。林分密度为 1475 株·hm^{-2} 的刺槐林地年际平均土壤含水量为（18.80±1.85）%，该值高于其他林分密度的刺槐林地。林地年际平均土壤含水量较低的是林分密度为 625 株·hm^{-2} 和 3050 株·hm^{-2}。在植被恢复过程中，受降雨和空气温度以及植被生长的影响，各林分密度条件下的刺槐林地土壤含水量年际变化在 10%～22% 之间上下波动，各林地年际平均值为（15.95±1.43）%。对 6 种不同林分密度的刺槐林地土壤含水量进行线性回归分析，结果表明 6 种不同林分密度的刺槐林地土壤含水量总体呈不显著的下降趋势，其中林分密度为 3050 株·hm^{-2} 的刺槐林地土壤含水量下降趋势较大于其他林分密度的刺槐林地。

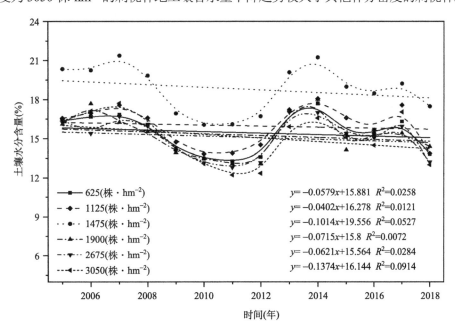

图 5-26　植被恢复期土壤水分年尺度变化特征

（2）生长季土壤水分变化特征

刺槐属于绿叶落叶阔叶树种，存在生长季和非生长季。由于生长季内降雨量降低趋势以及空气温度增加等气候条件变化影响，在两个时期内刺槐林地土壤水分含量以及变化趋势也会不同。对不同林分密度刺槐林地土壤含水量的在生长季内（4～10月）的变化趋势进行分析，结果如图5-27所示。从图中可以看出不同林分密度的刺槐林地在生长季内土壤水分含量及表现出的变化特征不同。但依然表现为林分密度为1475株·hm^{-2}的刺槐林地在生长季内平均土壤含水量（18.93±2.17）%为最高，林分密度为1125株·hm^{-2}和1900株·hm^{-2}的刺槐林地的土壤平均含水量高于林分密度为625株·hm^{-2}和3050株·hm^{-2}的刺槐林地。在植被恢复过程中，受降雨和空气温度以及植被生长的影响，在生长季内，各林分密度条件下的刺槐林地土壤含水量在12%～22%之间上下波动，各林地生长季内土壤含水量的平均值为（16.81±1.18）%。对6种不同林分密度的刺槐林地土壤含水量进行线性回归分析，结果表明6种不同林分密度的刺槐林地土壤含水量总体呈不显著的下降趋势，其中林分密度为625株·hm^{-2}和3050株·hm^{-2}的刺槐林地土壤含水量下降趋势较大于其他林分密度的刺槐林地。

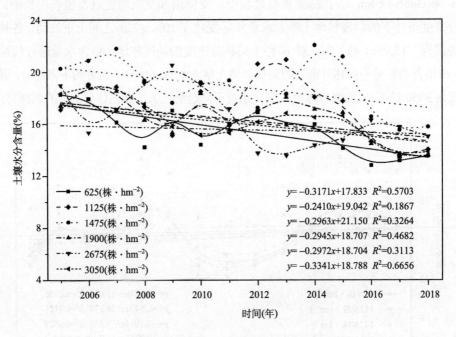

图5-27　植被生长季土壤水分变化特征

（3）非生长季土壤水分变化特征

对非生长季内（11月～次年3月）不同林分密度刺槐林地土壤含水量的变化趋势进行分析，结果如图5-28所示。从图中可以看出在非生长季内不同林分密度的刺槐林地土壤水分含量及变化特征不同。但变化规律依然较为明确，依然表现为林分密度为 1475 株·hm⁻² 的刺槐林地在非生长季内平均土壤含水量（18.66±3.15）%高于其他林分密度的刺槐林地。在非生长季内林地平均土壤含水量较低的是林分密度为 2675 株·hm⁻² 和 3050 株·hm⁻²，土壤水分含量分别为（13.72±4.08）%和（13.94±3.16）%。各林分密度条件下的刺槐林地土壤含水量的最大值和最小值比生长季内低 3%左右，各林地年际平均值为（15.09±1.86）%，该值低于生长季 2 个百分比。对 6 种不同林分密度的刺槐林地土壤含水量进行线性回归分析，结果表明 6 种不同林分密度的刺槐林地土壤含水量总体呈不显著的上升趋势，这可能与非生长季内降雨量增加有关。

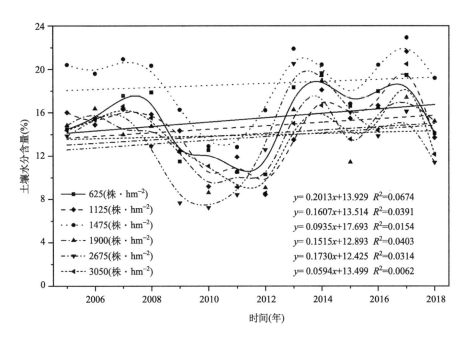

图 5-28　植被非生长季土壤水分变化特征

（4）土壤水分空间变化特征

土壤水分含量分布存在空间异质性。对研究区内 6 种林分密度的刺槐林地土壤水分进行实地调查，借助 GIS 软件对研究区土壤水分、林分密度分别进行空间克里格插值分析，同时基于数字高程数据（DEM）对研究区内海拔、坡度、坡向的分布特征进行分析，分析结果如图 5-29～图 5-33 所示。

结果表明不同林分密度刺槐林地土壤含水量的空间变化趋势与植被因子林分密度，坡度、坡向和海拔等地形因子的空间分布存在一定的相似性。图 5-29 表明研究区内土壤水含量基本在 5%～20%之间波动，且主要集中在 7%～15%之间。从图 5-30 可知，研究区内林分密度空间分布特征表明林分密度主要集中在 1000～2500 株·hm⁻²，但也存在高密度（>2000 株·hm^{-2}）和低密度（<1000 株·hm^{-2}）的刺槐林地。值得注意的是，在黄土高原半干旱区这种降雨较少的地方，一般来说，林分密度越大，植被耗水量越大，相应的，林地土壤含水量也会表现为较低水平。但是出现林分密度大的区域土壤水分含量处于较高水平，可能与地形因子还有关系。

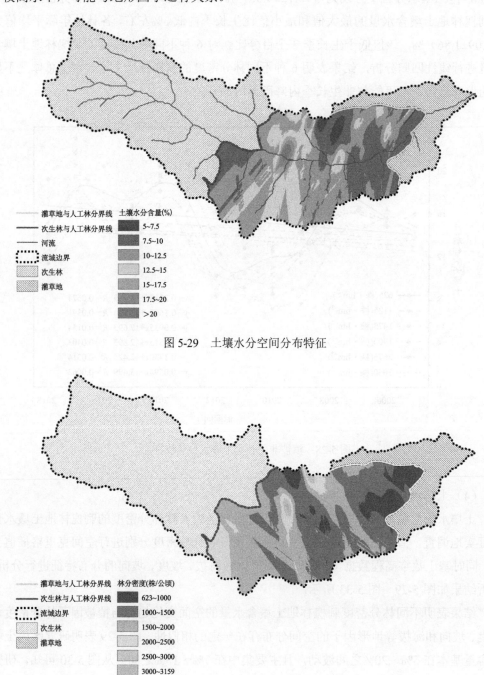

图 5-29　土壤水分空间分布特征

图 5-30　林分密度空间分布特征

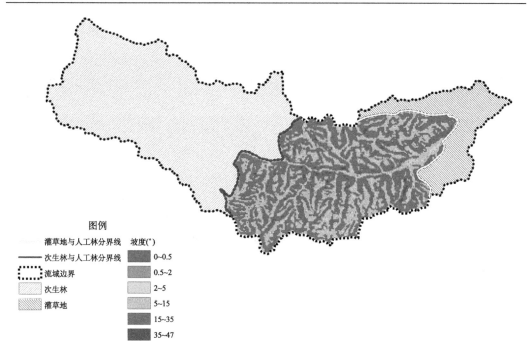

图 5-31　研究区坡度分布特征

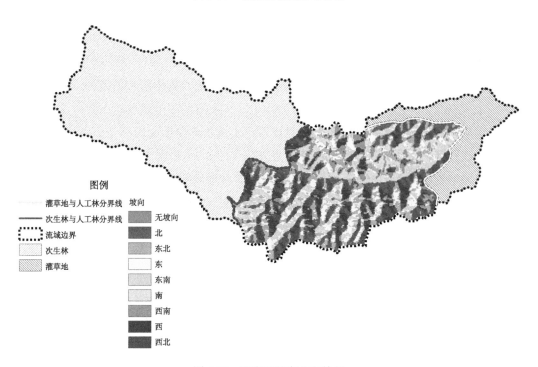

图 5-32　研究区坡向分布特征

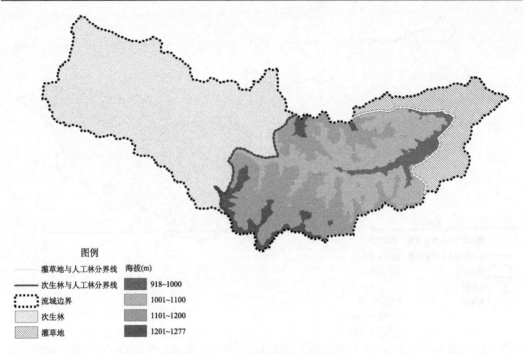

图例

灌草地与人工林分界线　　海拔(m)

——次生林与人工林分界线　　■ 918~1000

▫▫▫ 流域边界　　　　　　　□ 1001~1100

▨ 次生林　　　　　　　　　□ 1101~1200

▨ 灌草地　　　　　　　　　■ 1201~1277

图 5-33　研究区海拔分布特征

对研究区的坡度、坡向、海拔地形因子的分布特征进一步分析,研究区内坡度统计结果表明(图 5-31 和表 5-11)蔡家川流域林地以缓坡和陡坡为主,其中缓坡占 35.32%,陡坡占 58.37%。因此,从图中可看出土壤水分含量高的点处于缓坡的范围。从图 5-32 和表 5-11 可知,研究区林地坡向分布较为均匀,其中阴坡和半阴坡的比例占 57.29%,阳坡和半阳坡的比例占 42.41%,从图中可以看出土壤水分含量高的点处于阴坡和半阴坡的范围。研究区内海拔分布特征的统计结果表明(图 5-33 和表 5-11),林地海拔分布无较大差异,主要在 900~1300 m 之间波动,其中,林地海拔主要集中在 1000~1100m 和 1100~1200m 这两个区间,各自所占比例分别为 40.55%和 45.11%,海拔对土壤水分分布并无较大影响,主要还是林分密度和坡向对土壤水分含量分布存在较大影响。

表 5-11　研究区地形因素统计分析

地形因子	特征	面积(hm²)	比例(%)	备注
坡度(°)	(0, 0.5]	1.35	0.07	
	(0.5, 2]	15.21	0.80	平坡
	(2, 5]	81.81	4.30	
	(5, 15]	672.03	35.32	缓坡
	(15, 35]	1110.6	58.37	陡坡
	(35, 47]	21.6	1.14	急坡

续表

地形因子	特征	面积（hm²）	比例（%）	备注
坡向	无	5.58	0.29	无坡向
	北	265.32	13.95	阴坡
	东北	300.69	15.80	
	东	261.27	13.73	半阴坡
	西北	262.8	13.81	
	南	193.77	10.18	阳坡
	西南	151.2	7.95	
	西	224.73	11.81	半阳坡
	东南	237.24	12.47	
海拔（m）	918～1000	136.62	7.18	
	1001～1100	771.57	40.55	
	1101～1200	858.33	45.11	
	1201～1277	165.87	8.72	

（5）土壤水分垂向变化特征

不同林分密度刺槐林地垂向土壤含水量分布如图 5-34 所示。土壤含水量垂直分布结果表明不同林分密度的刺槐林地土壤水分含量在土层深度为 0～400cm 的范围内不尽相同但是其变化规律相似。从图中还可以看出 6 种林分密度的刺槐林地表层土壤含水量（0～20cm）均高于深层土壤含水量（20～400cm），而深层土壤含水量较低，且变化并不

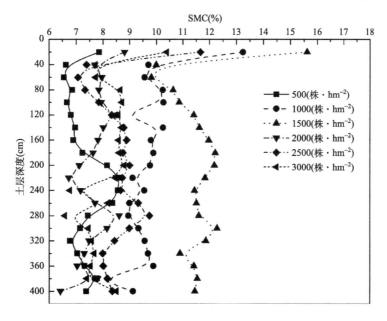

图 5-34　不同林分密度刺槐林地土壤水分垂直变化特征

明显，其变化率约为 2%。研究区内土壤水分林分密度为～1500 株·hm^{-2}的刺槐林地土壤含水量为～11.6%，高于其他刺槐林地（～500 株·hm^{-2}、～1000 株·hm^{-2}、～2000 株·hm^{-2}、～2500 株·hm^{-2}和～3000 株·hm^{-2}），林分密度为～500 株·hm^{-2}的刺槐林地土壤含水量（～7.3%）最低。

就深层土壤来说，林分密度为～500 株·hm^{-2}的林地平均土壤含水量约为 7%左右，林分密度为～1000 株·hm^{-2}的林地平均土壤含水量约为 10%左右，林分密度为～1500 株·hm^{-2}的林地平均土壤含水量约为 12%左右，林分密度为～2000 株·hm^{-2}的林地平均土壤含水量约为 8%左右，林分密度为～2500 株·hm^{-2}和～3000 株·hm^{-2}的林地平均土壤含水量均约为 9%左右，深层土壤水分含量无较大差异。主要差异存在表层土壤水分，这可能与刺槐林及其林分植被物种的根系以及对应的林地土壤粒径分布有关。

5.3.2.3　土壤养分含量低

不同林分密度刺槐林地土壤养分含量分布特征如图 5-35 所示。结果表明林地中全氮、硝态氮、铵态氮、全磷、速效磷以及土壤有机质等指标均呈现出表层土壤中含量高于深层土壤含量,除了表层土壤中和深层土壤中的有机质含量存在显著差异外（$P<0.05$），其余氮、磷元素在表层土壤和深层土壤中的含量并无显著差异性，这说明，在研究区内的林地中表层土壤和深层土壤中的氮、磷元素含量无较大差异。

正常林分中的土壤全氮平均含量为 0.64±0.03g·kg^{-1}、轻度低效林分中的土壤全氮平均含量为 0.47±0.02g·kg^{-1}、中度低效林分中的土壤全氮平均含量为 0.27±0.01g·kg^{-1}，而重度低效林分中的土壤全氮平均含量仅为 0.18±0.01g·kg^{-1}。四种林地中土壤全氮含量均小于 0.65g·kg^{-1}。与国标相比，研究区内的正常林分、轻度低效等级、中度低效等级和重度低效等级刺槐林地土壤全氮含量均处于较低含量状态。

正常林分中的土壤硝氮平均含量为 8.93±0.45mg·kg^{-1}、轻度低效林分中的土壤硝氮平均含量为 6.19±0.31mg·kg^{-1}、中度低效林分中的土壤硝氮平均含量为 5.11±0.26mg·kg^{-1}，而重度低效林分中的土壤硝氮平均含量仅为 2.88±0.14mg·kg^{-1}。与国标相比，研究区内的正常林分三种不同低效等级刺槐林地土壤硝氮含量<30mg·kg^{-1}，因此，正常林分、轻度低效等级、中度低效等级和重度低效等级刺槐林地土壤硝氮含量均处于第六级等级（较低含量状态）。

正常林分中的土壤氨氮平均含量为 50.98±2.55mg·kg^{-1}、轻度低效林分中的土壤氨氮平均含量为 24.02±1.20mg·kg^{-1}、中度低效林分中的土壤氨氮平均含量为 9.56±0.48mg·kg^{-1}，而重度低效林分中的土壤氨氮平均含量仅为 6.86±0.34mg·kg^{-1}。现行的国家标准和行业标准中未对土壤氨氮含量等径进行划分，该含量处于较低水平。

正常林分中的土壤全磷平均含量为 0.57±0.03g·kg^{-1}、轻度低效林分中的土壤全磷平均含量为 0.49±0.02g·kg^{-1}、中度低效林分中的土壤全磷平均含量为 0.41±0.02g·kg^{-1}，而

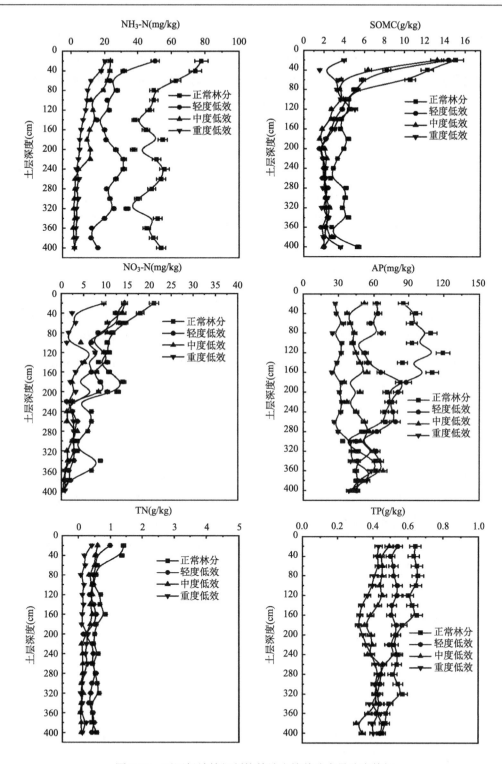

图 5-35　不同低效等级刺槐林地土壤养分含量分布特征

重度低效林分中的土壤全磷平均含量仅为 0.39±0.02g·kg⁻¹。四种林地中土壤全磷含量均小于 0.65g·kg⁻¹。与国标相比，研究区内的重度低效刺槐林地土壤全磷含量小于 0.4g·kg⁻¹，该水平处于第五等级含量状态。而其余的正常林分、轻度低效刺槐林和中度低效刺槐林地土壤全磷含量均处于第四等级（小于 0.6g·kg⁻¹），但整体来看，各种等级的刺槐林地土壤全磷含量均处于较低水平。

正常林分中的土壤速效磷平均含量为 74.92±3.75g·kg⁻¹、轻度低效林分中的土壤速效磷平均含量为 60.74±3.04g·kg⁻¹、中度低效林分中的土壤速效磷平均含量为 48.48±2.42g·kg⁻¹，而重度低效林分中的土壤速效磷平均含量仅为 34.44±1.72g·kg⁻¹。正常林分、轻度低效刺槐林、中度低效和重度低效等级刺槐林地林地中土壤速效磷含量均大于 30mg·kg⁻¹。与国标相比，研究区内的重度低效刺槐林地土壤速效磷含量处于二级含量水平，而正常林分、轻度低效刺槐林、中度低效刺槐林地该指标达到一级含量。

正常林中土壤有机质平均含量为 5.22±0.26 g·kg⁻¹、轻度低效林分中的土壤有机质平均含量为 3.59±0.18 g·kg⁻¹、中度低效林分中的土壤有机质平均含量为 3.21±0.16g·kg⁻¹，而重度低效林分中的土壤有机质平均含量仅为 2.69±0.13g·kg⁻¹。正常林分、轻度低效刺槐林、中度低效和重度低效等级刺槐林地林地中土壤有机质含量均小于 6mg·kg⁻¹。与国标相比，研究区内刺槐林地该指标仅达到第六级水平，整体依然表现较低水平。

5.4 低效林特征分析

森林生态系统是一个立体的复杂的结构网，其水平结构和垂直结构相互联系，共同决定森林生态系统的生态功能，也就是说林分结构的空间配置体系决定林分生态系统的生态功能类型及其强度。林木树高、林木胸径、林分密度、林分郁闭度、林木冠幅、林层指数、林木竞争指数、林分叶面积指数、林木大小比、林分角尺度等林分结构指标常用来描述林分空间状态。一般来说，林分结构越复杂，林分生态系统的结构稳定性越高，越益于林分的稳定生长。根据上一节影响水土保持功能的主要林分结构分析结果可知，影响不同低效等级刺槐林水土保持功能的主要林分结构不同，但是存在较为相似的林分结构指标，这些林分结构在进行林分结构优化时具有主导作用。由结构方程模型的分析结构可知，对这些指标进行调控可很大程度上改善刺槐林水土保持功能。选用最为常见的指数函数、威布尔函数、对数正态函数、正态函数和伽玛函数五种概率分布的密度函数对不同等级的低效林林木树高、林分密度、林分郁闭度、林木冠幅、林木竞争指数、林分叶面积指数等这 6 个林分结构指标进行统计分析，通过分析不同低效等级刺槐林主要林分结构因子可为林分结构优化提供实际参考依据。

5.4.1　林分结构特征

5.4.1.1　正常林分

非低效林林木树高、林分密度、林分郁闭度、林木冠幅、林木竞争指数、林分叶面积指数 6 个林分结构指标的分布特征如图 5-36 所示。结果表明正常林的树高分布在 9～10 m 之间的频率较大，而超过 10 m 高度的分布频率较小。结果表明，正常林的林分密度分布在 1400～1600 株·hm^{-2} 之间的频率较大，分布在此区间范围外的频率较小。正常林林分郁闭度分布在 0.61～0.67 之间，低于或高于该郁闭度分布范围较少甚至没有。正常林林木冠幅分布在 7～8 m^2 之间，图中也表明低于或高于该林木冠幅分布范围较少甚至没有。正常林林层竞争指数分布在 1.94～2.16 之间。正常林林分叶面积指数分布在 2.05～2.35 之间，低于或高于该林分叶面积指数分布范围较少甚至没有。

对正常林林木树高、林分密度、林分郁闭度、林木冠幅、林木竞争指数、林分叶面积指数 6 个林分结构指标进行分布模型拟合，结果表明（表 5-12），威尔布分布模型可接受用于模拟正常刺槐林树高分布、林分密度分布、林分郁闭度的分布特征，模型的参数分别取值为 γ（7.96）和 β（10.43）、γ（16.00）和 β（1597.54）、γ（37.87）和 β（0.65）。

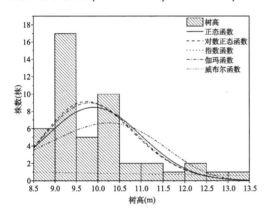

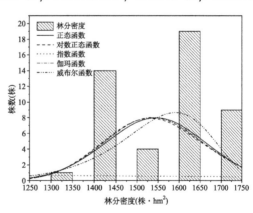

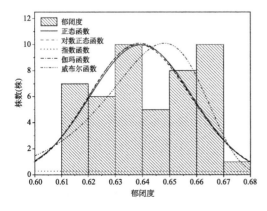

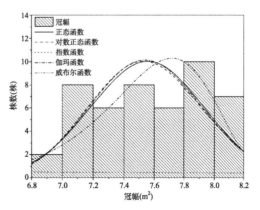

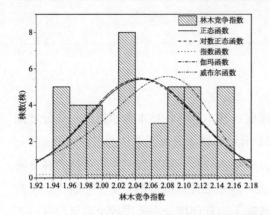 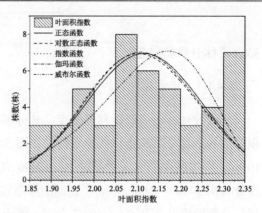

图 5-36　正常刺槐林主要林分结构分布拟合

表 5-12　正常刺槐林林分结构分布函数拟合优度检验

结构指标	最优拟合分布函数	拟合优度检验	Testing（K-S）	参数	参数值	
林分密度	威布尔函数	K-S 修正检验	0.059	γ, β	1597.54	16
郁闭度	威布尔函数	K-S 修正检验	0.096	γ, β	0.65	37.87
冠幅	正态函数	K-S 修正检验	0.151	μ, σ	7.55	0.37
林层竞争指数	伽玛函数	K-S 修正检验	0.086	α, β	941.28	0.01
树高	威布尔函数	K-S 修正检验	0.083	γ, β	10.43	7.96
叶面积指数	伽玛函数	K-S 修正检验	0.253	α, β	250.47	0.01

对正常林林木冠幅的分布进行模型拟合（表 5-12），结果表明标准正态分布、对数正态分布、伽玛分布和威布尔分布分布模型均可用于林木冠幅的拟合，但标准正态分布模型更适宜用于正常林林木冠幅分布特征描述（统计值为 0.151）。标准正态分布模型的参数 μ 取值为 7.55，参数 σ 取值 0.37。相似地，相比于其它分布模型，伽玛分布模型的统计值最大（0.086），即伽玛分布模型更适宜用于正常林林层竞争指数分布特征描述。模型参数 α 和 β 分别取值 941.28 和 0.01。正常林林分叶面积指数，分布模型模拟情况也相同，伽玛分布模型的统计值为 0.253，即在通过 K-S 检验的标准正态分布、对数正态分布、伽玛分布和威布尔分布分布模型中，伽玛分布模型更适宜用于正常林林分叶面积指数分布特征描述，模型的参数 α 取值为 250.47，参数 β 取值 0.01。

5.4.1.2　轻度低效林

本小节对轻度低效林林木树高、林分密度、林分郁闭度、林木冠幅、林木竞争指数、林分叶面积指数 6 个林分结构指标的分布特征进行分析，结果如图 5-37 所示。结果表明轻度低效刺槐林的树高呈现两极分化，主要集中分布在 7.8～8.8 m，而超过 10m 高度的分布频率较小，该树高范围小于正常林树高分布范围。从表 5-13 中可以看到 K-S 的检验结果，所选用的 5 种分布模型的拟合效果较为理想，除了指数分布模型被排除外，其余标准正态分布、对数正态分布、威布尔分布、伽玛分布这 4 种分布模型均不被排除，可接受用于模拟轻度低效刺槐林树高分布特征，其中伽玛分布模型的统计值最大（0.256）。伽玛分布模型的参数 α 取值为 751.03，参数 β 取值 0.01。

对轻度低效刺槐林林分密度进行分布特征分析（图 5-37）。结果表明，轻度低效刺槐林的林分密度分布在～1200 株·hm^{-2} 和～1600 株·hm^{-2} 的频率较大。分布拟合模型 K-S 检验结果（表 5-13）表明，除了伽玛分布模型对轻度低效刺槐林林分密度拟合的效果较为理想，其余分布模型均被排除。伽玛分布模型的参数 α 取值为 12.42，参数 β 取值 130.39。

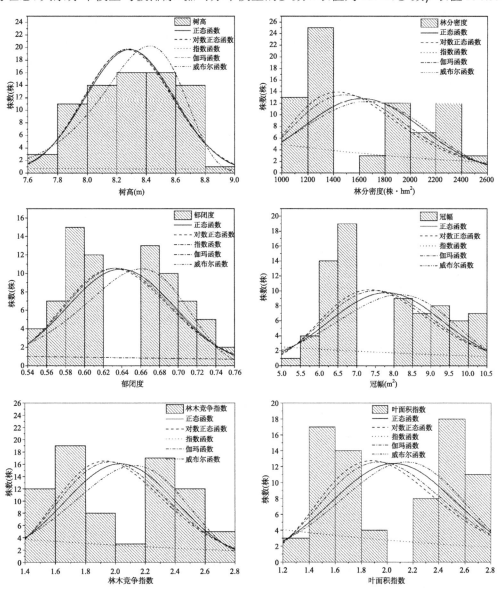

图 5-37　轻度低效刺槐林林木树高分布及最优拟合模型模拟

轻度低效刺槐林林分郁闭度主要分布在 0.54～0.62 和 0.66～0.76。选用的 5 种分布拟合模型中，伽玛分布对轻度低效刺槐林林分郁闭度的分布拟合效果较理想，可用于模拟林分郁闭度的分布特征，伽玛分布模型的参数 α 取值为 126.42，参数 β 取值 91.83。

轻度低效刺槐林林木冠幅分布在～6.7m^2 和～8.2m^2。选用的 5 种分布拟合模型中，威布尔分布模型对轻度低效刺槐林林木冠幅的分布拟合效果较理想，其余分布模型拟合效果较差，均被排除。轻度低效刺槐林林木冠幅分布模型参数拟合结果表明模型的参数 γ 取值为 8.43，参数 β 取值 5.73。

轻度低效刺槐林林层竞争指数分布在 1.94～2.16 之间。根据分布模型 K-S 检验结果（表 5-13）可知，在通过 K-S 检验的标准正态分布、对数正态分布、伽玛分布和威布尔分布分布模型中，对数正态分布模型的统计值最大（0.143），即对数正态分布模型更适宜用于轻度低效刺槐林林层竞争指数分布特征描述，对数正态分布模型的参数 μ 取值为 0.69，参数 σ 取值 0.19。

轻度低效刺槐林林分叶面积指数分布在～1.5 和～2.5。根据分布模型的 K-S 检验结果（表 5-13）可知，在通过 K-S 检验的标准正态分布、对数正态分布、伽玛分布和威布尔分布分布模型中，对数正态分布模型的统计值最大（0.122），对数正态分布模型更适宜用于轻度低效刺槐林林分叶面积指数分布特征描述。轻度低效刺槐林林分叶面积指数分布模型参数 μ 取值为 0.69，参数 σ 取值 0.24。

表 5-13 轻度低效刺槐林林分结构分布函数拟合优度检验

结构指标	最优拟合分布函数	拟合优度检验	Testing（K-S）	参数	参数值	
林分密度	伽玛函数	K-S 修正检验	0.052	α, β	12.42	130.39
郁闭度	伽玛函数	K-S 修正检验	0.193	α, β	126.42	91.83
冠幅	威布尔函数	K-S 修正检验	0.123	γ, β	8.43	5.73
林层竞争指数	对数正态函数	K-S 修正检验	0.143	μ, σ	0.69	0.19
树高	伽玛函数	K-S 修正检验	0.256	α, β	751.03	0.01
叶面积指数	对数正态函数	K-S 修正检验	0.122	μ, σ	0.69	0.24

5.4.1.3 中度低效林

本小节对中度低效林林木树高、林分密度、林分郁闭度、林木冠幅、林木竞争指数、林分叶面积指数 6 个林分结构指标的分布特征进行分析，结果如图 5-38 所示。结果表明中度低效刺槐林的树高呈现两极分化，主要集中分布在 6～7.8 m，而分布在 6.8～7 m 段的频率较大。从表 5-14 中可以看到 K-S 的检验结果，所选用的 5 种分布模型中指数分布模型模拟效果较差，其余分布模型拟合效果较理想，其中伽玛分布模型的统计值最大

（0.257），伽玛分布模型可接受用于模拟中度低效刺槐林树高分布特征。威布尔分布模型的参数 α 取值为 285.05，参数 β 取值 0.02。

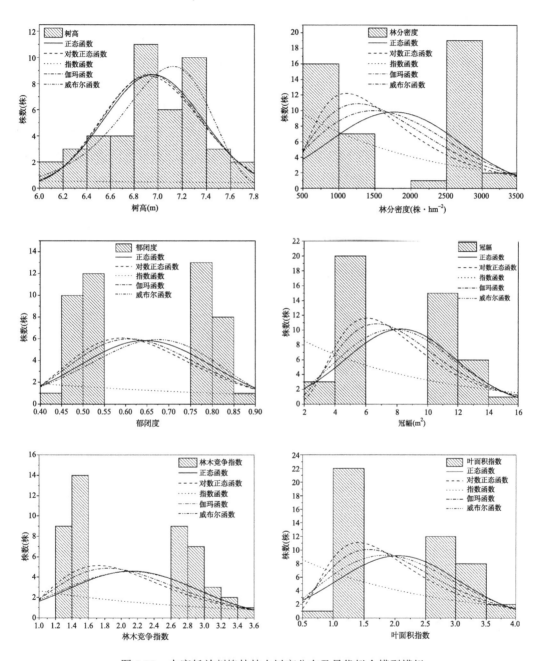

图 5-38 中度低效刺槐林林木树高分布及最优拟合模型模拟

对中度低效刺槐林林分密度进行分布特征分析（图 5-38）。结果表明，中度低效刺槐林的林分密度分布在 500～1000 株·hm^{-2} 和 2500～3000 株·hm^{-2} 的频率较大。分布拟合模型 K-S 检验结果（表 5-14）表明，除了对数正态分布对中度低效刺槐林林分密度拟合的效果较为理想，其余分布模型均被排除。对数正态分布模型的参数 μ 取值为 7.33，参数 σ 取值 0.57。

中度低效刺槐林林分郁闭度主要分布在 0.45～0.55 和 0.75～0.85。选用的 5 种分布拟合模型中，对数正态分布对中度低效刺槐林林分郁闭度的分布拟合效果较理想，可用于模拟林分郁闭度的分布特征，对数正态分布模型的参数 μ 取值为–0.47，参数 σ 取值 0.24。

中度低效刺槐林林木冠幅分布在 4～6m^2 和 10～16m^2。选用的 5 种分布拟合模型中，对数正态分布模型对中度低效刺槐林林木冠幅的分布拟合效果较理想，其余分布模型拟合效果较差，均被排除。中度低效刺槐林林木冠幅分布模型参数拟合结果表明模型的参数 μ 取值为 2.01，参数 σ 取值 0.46。

中度低效刺槐林林层竞争指数分布在 1.2～1.6 和 2.6～3.6 之间。根据分布模型 K-S 检验结果（表 5-14）可知，在通过 K-S 检验的标准正态分布、对数正态分布、伽玛分布和威布尔分布分布模型中，对数正态分布模型的统计值最大（0.128），即对数正态分布模型更适宜用于中度低效刺槐林林层竞争指数分布特征描述，对数正态分布模型的参数 μ 取值为 0.69，参数 σ 取值 0.38。

中度低效刺槐林林分叶面积指数分布在 1.0～1.5 和 2.5～3.5。根据分布模型的 K-S 检验结果（表 5-14）可知，在通过 K-S 检验的标准正态分布、对数正态分布、伽玛分布和威布尔分布分布模型中，对数正态分布模型更适宜用于中度低效刺槐林林分叶面积指数分布特征描述。中度低效刺槐林林分叶面积指数分布模型参数 μ 取值为 0.60，参数 σ 取值 0.51。

表 5-14　中度低效刺槐林林分结构分布函数拟合优度检验

结构指标	最优拟合分布函数	拟合优度检验	Testing（K-S）	参数	参数值	
林分密度	对数正态函数	K-S 修正检验	0.058	μ, σ	7.33	0.57
郁闭度	对数正态函数	K-S 修正检验	0.152	μ, σ	-0.47	0.24
冠幅	对数正态函数	K-S 修正检验	0.147	μ, σ	2.01	0.46
林层竞争指数	对数正态函数	K-S 修正检验	0.128	μ, σ	0.69	0.38
树高	伽玛函数	K-S 修正检验	0.257	α, β	285.05	0.02
叶面积指数	对数正态函数	K-S 修正检验	0.126	μ, σ	0.60	0.51

5.4.1.4　重度低效林

本小节对重度低效林林木树高、林分密度、林分郁闭度、林木冠幅、林木竞争指数、林分叶面积指数 6 个林分结构指标的分布特征进行分析，结果如图 5-39 所示。

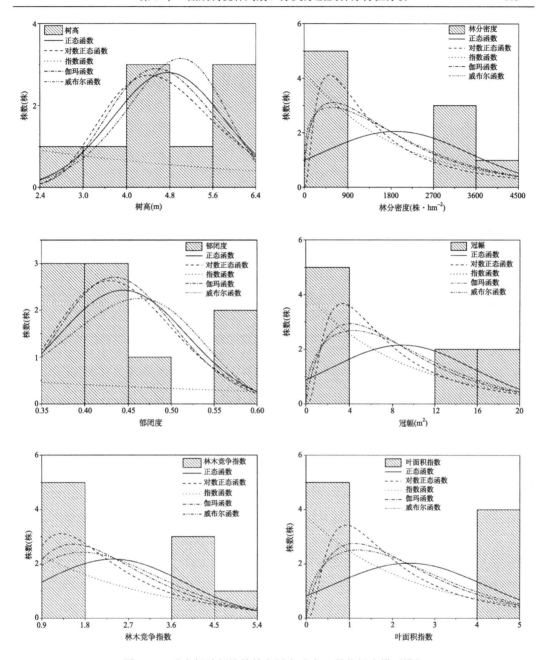

图 5-39　重度低效刺槐林林木树高分布及最优拟合模型模拟

　　图 5-39 结果表明重度低效刺槐林的树高呈现两极分化,主要集中分布在 2.4～6.4 m,该树高范围近似于"小老头树"。从表 5-15 中可以看到 K-S 的检验结果,所选用的 5 种分布模型的拟合效果较为理想,除了指数分布模型被排除外,其余标准正态分布、对数正态分布、威布尔分布、伽玛分布这 4 种分布模型均不被排除,可接受用于模拟重度低效刺槐林树高分布特征,其中伽玛分布模型的统计值最大（0.258）。伽玛分布模型的参

数 α 取值为 22.34，参数 β 取值 0.21。对重度低效刺槐林林分密度进行分布特征分析（5-39）。结果表明，重度低效林的林分密度分布在小于 900 株·hm^{-2} 和 2700～3500 株·hm^{-2} 的频率较大。分布拟合模型 K-S 检验结果（表 5-15）表明，指数分布模型对重度低效刺槐林林分密度拟合的效果较为理想，其余分布模型均被排除。指数分布模型的参数 λ 取值为 1900。

表 5-15　重度低效刺槐林林分结构分布函数拟合优度检验

结构指标	最优拟合分布函数	拟合优度检验	Testing（K-S）	参数	参数值	
林分密度	指数函数	K-S 修正检验	0.153	λ	1900	
郁闭度	伽码函数	K-S 修正检验	0.248	α, β	44.06	0.01
冠幅	指数函数	K-S 修正检验	0.158	λ	8.93	
林层竞争指数	指数函数	K-S 修正检验	0.152	λ	2.38	
树高	伽码函数	K-S 修正检验	0.258	α, β	22.34	0.21
叶面积指数	指数函数	K-S 修正检验	0.156	λ	2.39	

重度低效刺槐林林分郁闭度主要分布在 0.35～0.45 和 0.55～0.60。其中，伽玛分布对重度低效刺槐林林分郁闭度的分布拟合效果较理想，可用于模拟林分郁闭度的分布特征，伽玛分布模型的参数 α 取值为 44.06，参数 β 取值 0.01。

重度低效刺槐林林木冠幅分布在小于 4 m^2 和 12～20 m^2 的范围。选用的 5 种分布拟合模型中，指数分布模型对重度低效刺槐林林木冠幅的分布拟合效果较理想，其余分布模型拟合效果较差，均被排除。重度低效刺槐林林木冠幅分布模型参数拟合结果表明模型的参数 λ 取值为 8.93。重度低效刺槐林林层竞争指数分布在 0.9～1.8 和 3.6～5.4 之间。根据分布模型 K-S 检验结果（表 5-15）可知，在通过 K-S 检验的标准正态分布、对数正态分布、伽玛分布和威布尔分布分布模型中，指数分布模型的统计值最大（0.152），即指数分布模型更适宜用于重度低效刺槐林林层竞争指数分布特征描述，指数分布模型的参数 λ 取值为 2.38。重度低效刺槐林林分叶面积指数分布在小于 1 和 4～5 的范围。根据分布模型的 K-S 检验结果（表 5-15）可知，在通过 K-S 检验的标准正态分布、对数正态分布、伽玛分布和威布尔分布分布模型中，指数分布模型更适宜用于重度低效林林分叶面积指数分布特征描述。重度低效刺槐林林分叶面积指数分布模型参数 λ 取值为 2.39。

从不同等级刺槐林主要林分结构特征（图 5-36～图 5-39）中可以看出，在正常林、轻度低效、中度低效和重度低效四种等级的林分中，林分密度、郁闭度、叶面积指数、林木竞争指数和冠幅等五个林分结构指标值随等级的增加呈现两极分化的分布特征，而树高特征随等级的增加呈现减少趋势，林分结构分布结果如表 5-16 所示。

表 5-16 不同等级刺槐林主要林分结构特征分布

指标	非低效	轻度低效	中度低效	重度低效
林分密度（株·hm^{-2}）	1400～1750	1200～1400∪ 1800～2400	500～1000∪ 2500～3000	0～900∪ 2700～3500
郁闭度	0.61～0.67	0.56～0.62∪ 0.66～0.72	0.45～0.55∪ 0.75～0.85	0.35～0.45∪ 0.55～0.60
叶面积指数	2.05～2.35	1.4～2.0∪ 2.4～2.8	1.0～1.5∪ 2.5～3.5	0～1∪ 4～5
竞争指数	1.94～2.16	1.4～2.0∪ 2.4～2.8	1.2～1.6∪ 2.6～3.6	0.9～1.8∪ 3.6～5.4
树高（m）	9～13.5	7.6～8.8	6～7.8	2.4～6.4
冠幅（m^2）	7～8.2	5～7∪ 8～10	4～6∪ 10～16	0～4∪ 12～20

5.4.2 低效林自然地理分布特征

对不同低效类型的刺槐林林地信息进行统计（表 5-17～表 5-19），结果表明，正常刺槐林分、轻度低效刺槐林分和中度低效刺槐林分主要分布在坡度为 20°～30°，其中 20～25°坡度范围内比重最大，而重度低效林主要分布在坡度为 25°～35°，其中 30°～35°坡度范围内比重最大。

表 5-17 不同低效类型刺槐林坡度分布信息统计

坡度（°）	林分类型			
	Norm.	L$_1$	L$_2$	L$_3$
(15，20]	24.19	3.13	7.69	0
(20，25]	50.81	62.50	46.15	30.77
(25，30]	22.58	21.88	38.46	23.08
(30，35]	2.42	12.50	7.69	46.15

注：Norm.指正常林分；L$_1$指轻度低效等级；L$_2$指中度低效等级；L$_3$指重度低效等级。表中单位均为%。

对于坡向因子，正常刺槐林分分布在阴坡和半阴坡的比重稍大于阳坡和半阳坡，而轻度低效刺槐林、中度低效刺槐林和重度低效刺槐林表现为阳坡和半阳坡的比重稍大于阴坡和半阴坡，且轻度低效刺槐林、中度低效刺槐林分主要分布在半阳坡，而重度低效刺槐林分主要分布在阳坡。

表 5-18　不同低效类型刺槐林坡向分布信息统计

坡向	林分类型			
	Norm.	L₁	L₂	L₃
阳坡	7.26	9.38	42.31	84.62
半阳坡	30.65	71.88	57.69	15.38
阴坡	25	0	0	0
半阴坡	37	18.75	0	0

注：表中所有变量含义同表 5-17。

　　对于海拔因子，正常刺槐林分、轻度低效刺槐林、中度低效刺槐林和重度低效刺槐林等四种类型的刺槐林分主要分布在海拔为 1100～1200m 范围内，就的分析结果来看，海拔对低效的影响程度没有坡位和坡度大。

表 5-19　不同低效类型刺槐林坡度分布信息统计

海拔（m）	林分类型			
	Norm.	L₁	L₂	L₃
（900，1000]	4.03	3.13	7.69	0
（1000，1100]	4.84	18.75	3.85	15.38
（1100，1200]	82.26	78.13	84.62	76.92
（1200，1300]	8.87	0	3.85	7.69

注：表中所有变量含义同表 5-17。

5.5　不同等级低效林成因差异

　　对低效林进行类型划分可为开展林分改造措施提供参考依据。以水土保持功能（林冠截留功能、枯落物持水功能、土壤蓄水功能）和植物多样性保护功能为导向，通过构建水土保持功能综合指数开展低效林低效等级划分研究。研究结果表明研究区内刺槐林的水土保持功能综合指数分布在 0.96～9.04，而平均值为 5.59。该结果说明在研究区内的刺槐林在发挥水土保持功能方面存在较大差异，有优有劣，部分刺槐林在发挥水土保持功能方面存在障碍，需要进行林分结构配置优化以改善和提升其水土保持功能。有研究认为林分生长过程因环境变化受到影响而不能正常发育（Zhao et al., 2017; Wang et al., 2016; Liang et al., 2018），也可能是因为造林技术和管理措施不当导致林分因人为因素出现功能障碍，还有研究认为是林分生长与土壤水分资源和土壤养分资源之间的不协调导致林分生长受到严重影响而造成的生态功能发挥存在障碍（Wang et al., 2016; Mei et al.,

2018; Hou et al., 2018)。最近的研究表明，低效林地土壤环境发生变化，引起土壤微生物群落发生变化，导致林木个体和植被根系出现生长紊乱和功能紊乱，进而引起林分在发挥应有的生态功能时受到不同程度的抑制（Wang et al., 2016; 李超然，2017）。

所选的林分密度、林分郁闭度、林木冠幅、林分叶面积指数、林木竞争指数、林分林层指数、林分角尺度、林木大小比数、林木胸径和林木树高等十个林分结构因子与水土保持功能综合指数（SWBI）的分布特征曲线表明各林分结构指标与水土保持功能综合指数的符合不同的分布函数关系（指数函数、一元二次函数、对数函数分布），且林分密度、郁闭度、冠幅、叶面积指数、林木竞争指数、林层指数和角尺度其等林分结构随刺槐林水土保持功能综合指数呈现两极分化，通过图形求解可知这些林分结构因子对应的最优水土保持功能综合指数（SWBI）几乎都落在 6 左右，对每个林分结构因子赋予相同权重进行加权平均，结果表明水土保持功能综合指数为 6 时可作为划分晋西黄土区正常刺槐林和低效刺槐林的分界值。按照林业行业标准，将低效刺槐林类型划分为轻度低效刺槐林、中度低效刺槐林和重度低效刺槐林三种低效类型。这与已有的《低效林改造技术规程》（LY/T 1690—2017）和《三北防护林退化林分修复技术规程》（LY/T 2786—2017）行业标准以及周立江（2004）和刘丽（2009）对低效林或低效林类型的划分结果一致。结果表明刺槐林样地中，水土保持功能发挥正常的刺槐林占比为 63.59%，而 36.41%的刺槐林在水土保持功能和植物多样性保护方面存在低效现象。可见，对研究区内的低效刺槐林开展林分结构配置优化研究势在必行。其中，轻度低效刺槐林占比为 16.41%、中度低效刺槐林占比为 13.33%，而重度低效刺槐林仅占到 6.67%，这样的比例是符合晋西黄土区的实际情况的。已有的研究报道（侯贵荣等，2018、2019；周巧稚等；2018；孔凌霄等，2018；赵耀等，2018；苏宇等，2019）结果表明，在黄土高原地区，刺槐作为一种生态恢复造林的主要树种，尽管部分林地土壤水分存在下降趋势，但其在涵养水源、土壤保育、蓄水减沙和植被多样性保护方面均产生了积极的促进作用，并没有像一些研究所报道那样大面积种植刺槐林对黄土高原的生态造成了极其紧张的局面。在黄土高原种植刺槐林并不是一种错误的选择，只是局部地区存在刺槐林初植密度不合理的情况，进而出现了林分结构不合理，最终导致该部分林分不能正常发挥生态主导功能-水土保持功能，因此，出现了低效林现象。著者认为需要针对这部分低效刺槐林进一步开展林分结构特征分析和配置优化技术研究，达到改善和提升水土保持功能的效果，可在一定程度上扭转黄土高原生态环境恶化的局面。

结果表明，不同等级的低效刺槐林中对水土保持功能产生显著影响作用的主要林分结构存在差异，林分密度被发现对水土保持功能一直存在显著影响作用的林分结构因子，其次，林木树高、林分郁闭度、林分叶面积指数和林木竞争指数被发现继林分密度之后对水土保持功能会产生显著影响作用的林分结构因子，此外，单株冠幅和林分角尺度这两个林分结构因子对水土保持功能也会产生显著影响作用。根据已有的研究结果来看，研究结果是符合树木学和森林经营学。因为从其余各林分结构指标的计算原理和计算方法来看，均与现有林分密度有关系。在进行水土保持功能导向型的林分结构配置优化时，林分密度将作为最重要的林分结构可调控因子进行低效林林分结构配置优化（惠刚盈，2007；Li，2012；Hou et al.，2019；2020）。

对不同低效等级刺槐林主要林分结构因子（林分密度、林分郁闭度、林木冠幅、林木竞争指数、树高和叶面积指数）进行特征分析和分布模拟，就林分密度而言，研究结果表明正常林分的林分密度主要集中在 1400～1600 株·hm^{-2} 之间，而轻度低效刺槐林、中度低效刺槐林和重度低效刺槐林的林分密度随着低效等的增加呈现出两极分化的趋势，低效等级越大，林分密度的分布越极端（或多，或少）。这可能与不同等级条件下的刺槐林主要林分结构因子同水土保持功能之间的关系存在差异有关系。作者认为：从林分结构因子数量来看，对于轻度低效刺槐林来说，相对中度和重度等级的刺槐林林分结构较为合理，因此，对水土保持功能产生显著影响作用的林分结构因子较少，在进行以水土保持功能为导向的林分结构配置优化时，无需进行过多林分结构因子的调控。从林分结构因子种类来看，由于林分密度和立地因子的不同导致在不同低效等级的刺槐林地里的主要林分结构因子存在差异。选用了五种常用的分布模型对不同低效等级刺槐林林分结构因子进行分布拟合，不同低效等级的刺槐林林分结构因子的分布模型存在差异，这结果有力地证明了正常刺槐林、轻度低效刺槐林、中度低效刺槐林和重度低效刺槐林四种林分结构之间存在一定的相似性，但更多是林分结构因子之间的差异性。这种相似性保证了不同低效程度的刺槐林均可发挥水土保持功能，而这种林分结构之间的差异性说明了不同低效刺槐林在发挥水土保持功能上确实存在差异。因此，可以将正常刺槐林林分结构因子作为参考，对低效刺槐林林分结构因子进行合理的林分结构配置优化和调整，与熊樱（2013）、费皓柏（2016）的研究结果相似。

通过对不同林分密度的林地土壤水分随植被恢复的变化研究表明，在年际土壤水分平均含量上，土壤水分随着林分密度的增加表现为先增加后减小的变化趋势，当林分密度为 1475 株·hm^{-2} 的时候，林地土壤水分含量相对最高（18%），而当林分密度过小（625 株·hm^{-2}）或者过大（3050 株·hm^{-2}）时，土壤水分含量均相对较低，这 Deng 等（2012），Wang 等（2016），Liang 等（2018）研究结果。林分下垫面条件不同，森林水文效应必然存在差异（Chen et al., 2007）。降雨经过林分的林冠截留、枯落物截留后以较为缓慢的速度落至地面，然后沿着土壤孔隙储存在土壤层，随着植被恢复，林分间的林木个体生长发育存在差异，这种差异导致林分间的林分特征和立地环境存在差异（侯贵荣等，2018；2019）。在时间尺度上，土壤水分含量随着植被恢复年限表现为不显著的降低趋势，林分密度较大的林地土壤水分下降趋势大于其他林分密度，这与 Mei 等（2018）的研究结果变化趋势相同。而且这种下降趋势说明了在晋西黄土区可能植被耗散相对大于林地土壤蒸发，Zhao 等（2017）、Chi 等（2018）的研究结果也得到了相似的研究的结果。

对不同低效等级（不同林分密度）的刺槐林地土壤养分开展研究，研究结果表明不同低效等级的刺槐林地中全氮、硝态氮、铵态氮、全磷、速效磷以及土壤有机质等指标均呈现出表层土壤中含量高于深层土壤含量，除了表层土壤和深层土壤中的有机质含量存在显著差异外（$P<0.05$），其余氮、磷元素在表层土壤和深层土壤中的含量并无显著差异性。与国标相比，研究区内的正常林分、轻度低效等级、中度低效等级和重度低效等级刺槐林地土壤养分含量均处于较低含量状态，这与 Hou 等（2019）的研究结果一致。土壤养分是维持植被发育和生长必不可少的基本物质，从《植物营养学》和《植物生理学》的角度来看，当林木所在林地土壤养分处于匮乏状态时，最先受到影响的是林木内部细胞的分化过程，当细胞组织的合成和分化过程受到影响不能正常进行生命活动的时候，直接会对林木的根系萌发、叶片的发育、枝条的分化等植物生理过程产生迟滞效应，造成林木个体生长发育不良，尤其是在土壤水分匮缺的林地，这种影响更为显著。在林地外业调查中发现在林分密度较大的林地中，出现"小老头树"现象较多的原因，这与王力（2004）、王志强等（2003）的研究结果一致。养分是提供所有生命体合成物质的重要保证，水是进行一切生命活动的物质载体，当降雨量较少和土壤水分含量较低的地区，植被会因缺水出现生长缓慢，甚至死亡的现象。因此，从土壤水分和土壤养分的角度考虑，建议开展植被基于土壤水分和土壤养分资源的基础进行适宜林分密度的研究，作者也就该科学问题开展了相应研究，研究成果表明，晋西黄土区基于土壤水分资源和土壤养分资源的基础上，刺槐林适宜的林分密度应该控制在 1594 株·hm^{-2}（Hou et al., 2018）。

对不同低效刺槐林的林地分布位置（坡度、坡向和海拔）进行统计分析，尝试分析地形因子与低效刺槐林的关系。就坡度因子而言，刺槐林的低效程度随坡度大体表现为增加趋势，正常刺槐林分、轻度低效刺槐林分和中度低效刺槐林分主要分布在低坡度，而重度低效林主要分布在高坡度。而就坡向来看，正常刺槐林分在阴坡和阳坡均有分布，但主要集中在阴坡；轻度低效刺槐林、中度低效刺槐林和重度低效刺槐林分主要分布在阳坡。此外，结果表明，正常刺槐林分、轻度低效刺槐林、中度低效刺槐林和重度低效刺槐林等四种类型的刺槐林分主要分布在海拔为 1100～1200 m 范围内，分析结果表明海拔对低效的影响程度没有坡位和坡度大。上述研究结果均反映了一个结果，林地位置对植被生长具有重要影响，具体表现为坡度越大，立地条件越严峻，对于植被恢复来说越困难，已有的研究结果表明，困难立地进行植被恢复具有非常大挑战（Zhao et al., 2018；赵兴凯等，2019；Zhao et al., 2019）。除了土壤结构较为脆弱不易于保存以外，在坡度大的立地条件下，水土流失非常严重，进而造成土壤干燥和贫瘠，不利于植被的生长，尤其是乔木林。而坡位对于刺槐低效林的形成，主要是因为在阴坡和阳坡，由于受太阳光照的影响，进而影响到植被蒸腾和土壤蒸发来影响水分资源的输入和输出过程。在光照和水分的影响下，不同坡向林地土壤微生物群落存在较大差异，从而影响植被养分和土壤养分的循环过程，水分和养分环境的变化同样会对微生物群落产生影响，最终大环境与微环境的相互作用过程，导致植被出现病变，即刺槐林不能正常生长，其发挥水土保持功能受到影响，张静（2018）的研究结果证明了该观点。

　　干旱是引起黄土高原生态环境变化的主要因素之一，也是无法控制和解决的主要问题。降雨和气温直接引起气候干燥的两个指标。对降雨和气温进行分析来反映研究区内气候变化特征分析，不仅对研究区的水热条件进行全面分析而且可对水分利用和管理提供参考依据。研究结果表明，吉县年降水量表现为减少趋势，减少幅度为 $5.22mm \cdot 10a^{-1}$，而吉县年平均气温表现为增加趋势，增加幅度为 $0.23℃ \cdot 10a^{-1}$。吉县年标准化降水蒸散指数值总体表现为减小趋势，减小幅度为 $0.13 \cdot 10a^{-1}$，这些研究结果表明吉县整体气候处于暖干旱状态，且这种干旱现象持续增加，此结果与 Zhao 等（2017）、Wang（2019）的研究结果相似。气候变化本身是一个极其复杂的过程，如国际和国内学者所述，人类活动和植被变化是引起大气层气候变化的主要原因，而气候变化引起降雨量的减少和气温的增加，该变化结果将影响大气水循环过程，进而影响刺槐林地的蒸发散过程，即土壤水分的输入和输出过程，最终影响刺槐林的正常生长。可以说，气候变化是造成刺槐林水土保持功能出现低效现象的不易调节因素。

　　综合上述分析，作者推测刺槐林的不合理的造林密度是引起部分刺槐林林分结构不合理的最初原因，初植密度的不合理是造成其余林分结构不合理的主要原因。另外，气候变化影响了刺槐林地土壤水分的输入和输出过程，再者，部分刺槐林地土壤结构本身存在缺陷导致土壤水分和土壤养分的循环过程处于不平衡状态，在多方因素共同作用下，最终，晋西黄土区内部分刺槐林在发挥水土保持功能方面存在低效现象。为此，将晋西黄土区刺槐林水土保持功能出现低效的成因机制表示如图 5-40 所示。

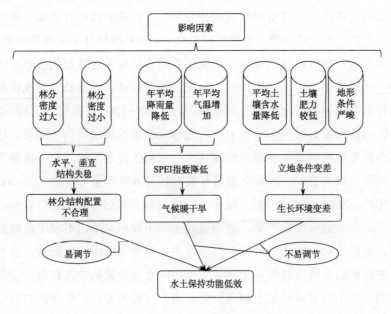

图 5-40　刺槐林水土保持功能低效成因

5.6　本　章　小　结

以水土保持功能（水源涵养功能、土壤保育功能、蓄水减沙功能）和植物多样性保护功能为基础，通过构建水土保持功能综合指数（SWBI）来反映研究区内刺槐林的水土保持综合功能水平，并且以此作为重要参考依据对低效刺槐林等级进行划分。在此基础上，对正常林分、轻度低效刺槐林、中度低效刺槐林和重度低效刺槐林等四种等级的林分结构和水土保持功能进行耦合关系分析，并针对低效刺槐林水土保持功能发挥低效的原因进行全面分析，主要结论如下：

（1）研究区内刺槐林水土保持功能综合指数（SWBI）主要分布在 0.96～9.04 之间，刺槐林水土保持功能综合指数平均值为 5.59。将低效刺槐林类型划分为轻度低效刺槐林、中度低效刺槐林和重度低效刺槐林三种低效类型，每种低效刺槐林对应的水土保持功能综合指数值区间分别为 4～6、2～4 和 0～2。在选取的刺槐林样地中，水土保持功能发挥正常的刺槐林占比为 63.59%，而 36.41% 的刺槐林在水土保持功能和植物多样性保护方面存在低效现象。经统计，低效刺槐林中轻度低效刺槐林占到 16.41%、中度低效刺槐林占到 13.33%，而重度低效刺槐林占到 6.67%。可见，对研究区内的低效刺槐林开展林分结构配置优化研究势在必行。

（2）不同等级的低效刺槐林中，对水土保持功能产生显著影响作用的主要林分结构存在差异。对轻度低效刺槐林水土保持功能具有显著影响作用的林分结构因子包括：林分密度、林木树高、单株冠幅、叶面积指数。对中度低效刺槐林水土保持功能具有显著影响作用的林分结构因子包括：林分密度、林分郁闭度、林木竞争指数、林木树高、林分角尺度。对重度低效刺槐林水土保持功能具有显著影响作用的林分结构因子包括：林分密度、林分郁闭度、林木树高、林木竞争指数、林分叶面积指数。

（3）对降雨和气温进行分析，研究结果表明，吉县年降水量表现为减少趋势，减少幅度为 5.22 mm·10a^{-1}，而吉县年平均气温表现为增加趋势，增加幅度为 0.23℃/10a。吉县年标准化降水蒸散指数值（SPEI）总体表现为减小趋势，减小幅度为 0.13·10a^{-1}，这些研究结果表明吉县整体气候处于暖干旱状态，且这种干旱现象持续增加。

（4）在年际土壤水分平均含量上，土壤水分随着林分密度的增加表现为先增加后减小的变化趋势，当林分密度为 1475 株·hm^{-2} 的时候，林地土壤水分含量相对最高（18%），而当林分密度过小（625 株·hm^{-2}）或者过大（3050 株·hm^{-2}）时，土壤水分含量均相对较低，在时间尺度上，土壤水分含量随着植被恢复年限表现为不显著的降低趋势，林分密度较大的林地土壤水分下降趋势大于其他林分密度。

（5）不同低效等级的刺槐林地中全氮、硝态氮、铵态氮、全磷、速效磷以及土壤有机质等指标均呈现出表层土壤中含量高于深层土壤含量，除了表层土壤中和深层土壤中的有机质含量存在显著差异外（$P<0.05$），其余氮、磷元素在表层土壤和深层土壤中的含量并无显著差异性。与国标相比，研究区内的正常林分、轻度低效等级、中度低效等级和重度低效等级刺槐林地土壤养分含量均处于较低含量状态。

（6）刺槐林的低效程度随坡度大体表现为增加趋势，正常刺槐林分、轻度低效刺槐林分和中度低效刺槐林分主要分布在低坡度，而重度低效林主要分布在高坡度。而正常刺槐林分在阴坡和阳坡均有分布，但主要集中在阴坡；轻度低效刺槐林、中度低效刺槐林和重度低效刺槐林分主要分布在阳坡。此外，结果表明海拔对低效的影响程度没有坡位和坡度大。

第 6 章　低效刺槐林林分结构优化配置

开展低效林改造对于改善一个地区的生态环境质量具有非常重要的促进作用。在晋西黄土区开展低效刺槐林改造研究，尤其是针对不同低效等级的低效林改造技术对提高晋西黄土区刺槐林水土保持功能和改善生态环境具有非常重要的现实指导意义（郭小平等，1998）。黄土残塬沟壑区是晋西黄土区乃至整个黄土高原地区进行造林恢复工程中造林立地条件比较苛刻的类型之一（王斌瑞，1987；Wei et al., 2010）。这些区域由于造林立地条件差，气候干旱，水资源不足，植被覆盖度低，易发水土流失等特点造成了生态环境脆弱的局面（刘国彬等，2008）。由此可见，现有存活的森林资源对晋西黄土区来说极其珍贵，尤其是种植面积最大的刺槐林对该区的生态学意义显而易见的重要。因此，对该区内的低效刺槐林进行科学和合理的林分改造是扭转当前生态主导功能（水土保持功能）低效局面的必由之路。前人关于低效林林分配置改造进行了大量研究（郭廷栋，2014；王亚蕊，2016），国家林业部门基于已有的科学研究结果，对低效林的改造措施作了明确说明。低效林改造措施基本围绕封育改造、补植改造、间伐改造、调整树种改造、更替改造和综合改造等措施开展低效林改造。结果已表明，晋西黄土区的气候变化暖干旱、土壤水分资源和土壤养分资源紧张、林分结构不合理、植被生长缓慢等因素都是造成刺槐林水土保持功能低效的成因。从可控性和实际意义的角度出发，开展刺槐林林分结构配置优化是应对其他因素变化条件下的最重要和最主要的调控措施。在实际林分改造中，不同研究区的生态主导功能不同，对低效林的改造应当以各生态功能区的生态主导功能为导向，对各区内的低效林改造开展研究（朱金兆，1995；王斌瑞，1996）。

首先确定轻度低效、中度低效和重度低效三种低效等级刺槐林林分中对水土保持功能有显著影响作用的林分结构因子优化目标，以空间代替时间（space for time）的方法对优化目标进行验证。最后，对不合理林分结构配置优化提出具体的改造措施，以期为晋西黄土区种植面积最广的刺槐林提供切实可行的低效林林分改造依据和措施。

6.1　林分结构优化目标分析

6.1.1　轻度低效

对轻度低效刺槐林型林分结构进行响应面分析，经过二次回归拟合分析可得响应面方程（图 6-1），方程中 SD 指林分密度，TH 指树高，CA 指冠幅，LAI 指叶面积指数。由表 6-1 可知，响应面方程的 Sig 值<0.05，响应面方程的相关系数和校正的相关系数分别为 0.9915 和 0.9830，说明分析得到的二次方程是可接受的，可用于轻度低效刺槐林型水土保持功能导向型的林分结构优化理论分析。根据已有的实测数据进行水土保持功能导向型的林分结构优化分析，分析结果表明响应面方程的预测相关系数为 0.9485，说明该响应面方程可用于预测轻度低效刺槐林型林分结构的优化配置研究。

在进行轻度低效刺槐林型林分结构优化时，以功能最大化（SWBI=10）为目标导向，以正常林分的各林分结构指标分布范围作为低效林各主要林分结构指标的选取参照进行优化研究。优化结果表明轻度低效刺槐林林分结构的最优配置为林分密度=1698 株·hm^{-2}，林木树高=11m，林木冠幅=7.52m^2，林分叶面积指数=2.35。根据预测，轻度低效刺槐林水土保持功能综合指数为 9.32，与优化前的轻度低效刺槐林水土保持功能综合指数平均水平（5.00）相比，预期值将提高约 86%。

表 6-1　BBD 响应曲面实验设计的方差分析

分析对象	来源	总方差	自由度	均方差	F 值	Sig 值
	模型	9.58	14	0.68	116.60	<0.0001
	A-SD	3.865×10^{-5}	1	3.865×10^{-5}	6.584×10^{-3}	0.9365
	B-TH	1.510×10^{-3}	1	1.510×10^{-3}	0.26	0.6199
	C-CA	1.711×10^{-3}	1	1.711×10^{-3}	0.29	0.5977
	D-LAI	2.311×10^{-4}	1	2.311×10^{-4}	0.039	0.8456
	AB	2.457×10^{-3}	1	2.457×10^{-3}	0.42	0.5281
	AC	2.407×10^{-3}	1	2.407×10^{-3}	0.41	0.5322
	AD	8.882×10^{-4}	1	8.882×10^{-4}	0.15	0.7031
	BC	0.011	1	0.011	1.88	0.1914
Y（SWBI）	BD	1.821×10^{-3}	1	1.821×10^{-3}	0.31	0.5863
	CD	1.412×10^{-4}	1	1.412×10^{-4}	0.024	0.8789
	A^2	5.190×10^{-4}	1	5.190×10^{-4}	0.088	0.7706
	B^2	2.326×10^{-5}	1	2.326×10^{-5}	3.962×10^{-3}	0.9507
	C^2	0.014	1	0.014	2.34	0.1481
	D^2	1.002×10^{-3}	1	1.002×10^{-3}	0.17	0.6857
	R^2	0.9915				
	R_{adj}^2	0.9830				
	R_{pre}^2	0.9485				

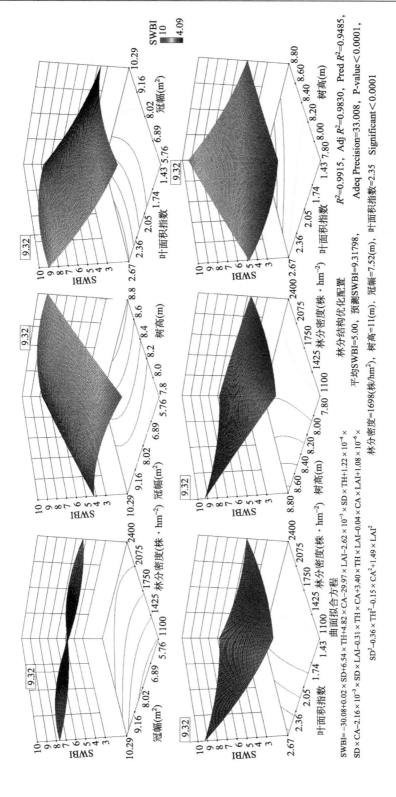

图 6-1 轻度低效刺槐林林分结构优化结果

6.1.2　中度低效

中度低效刺槐林林分结构响应面方程（图 6-2）中 CD 指郁闭度，TCI 指林木竞争指数，AS 指角尺度。由表 6-2 可知，响应面方程的 Sig 值<0.05，响应面方程的相关系数和校正的相关系数分别为 0.9884 和 0.9792，可知该二次方程是可接受的，可用于中度低效刺槐林水土保持功能导向型的林分结构优化理论分析。根据已有的实测数据进行水土保持功能导向型的林分结构优化分析，分析结果表明响应面方程的预测相关系数为 0.9278，该响应面方程可用于预测中度低效刺槐林型林分结构的优化配置研究。优化结果表明中度低效刺槐林林分结构的最优配置为林分密度=1529 株·hm^{-2}，林分郁闭度=0.66，林木树高=9.86m，林木竞争指数=2.14，林分角尺度=0.62。根据预测，中度低效刺槐林水土保持功能综合指数为 9.24，与优化前的中度低效刺槐林水土保持功能综合指数平均水平（3.19）相比，预期值将提高 3 倍。

表 6-2　BBD 响应曲面实验设计的方差分析

分析对象	来源	总方差	自由度	均方差	F 值	Sig 值
	模型	17.14	20	0.86	106.96	<0.0001
	A-SD	0.013	1	0.013	1.61	0.2160
	B-CD	1.276×10^{-3}	1	1.276×10^{-3}	0.16	0.6932
	C-TH	4.921×10^{-9}	1	4.921×10^{-9}	6.140×10^{-7}	0.9994
	D-TCI	0.018	1	0.018	2.30	0.1417
	E-AS	7.535×10^{-3}	1	7.535×10^{-3}	0.94	0.3415
	AB	0.033	1	0.033	4.17	0.0519
	AC	3.964×10^{-3}	1	3.964×10^{-3}	0.49	0.4884
	AD	9.517×10^{-3}	1	9.517×10^{-3}	1.19	0.2862
	AE	0.028	1	0.028	3.44	0.0755
	BC	5.499×10^{-4}	1	5.499×10^{-4}	0.069	0.7955
	BD	0.012	1	0.012	1.53	0.2276
	BE	1.485×10^{-3}	1	1.485×10^{-3}	0.19	0.6706
Y（SWBI）	CD	1.703×10^{-5}	1	1.703×10^{-5}	2.125×10^{-3}	0.9636
	CE	6.282×10^{-4}	1	6.282×10^{-4}	0.078	0.7818
	DE	0.033	1	0.033	4.09	0.0539
	A^2	0.014	1	0.014	1.69	0.2057
	B^2	1.401×10^{-4}	1	1.401×10^{-4}	0.017	0.8959
	C^2	7.737×10^{-5}	1	7.737×10^{-5}	9.654×10^{-3}	0.9225
	D^2	6.984×10^{-3}	1	6.984×10^{-3}	0.87	0.3595
	E^2	2.638×10^{-5}	1	2.638×10^{-5}	3.291×10^{-3}	0.9547
	R^2	0.9884				
	R_{adj}^2	0.9792				
	R_{pre}^2	0.9278				

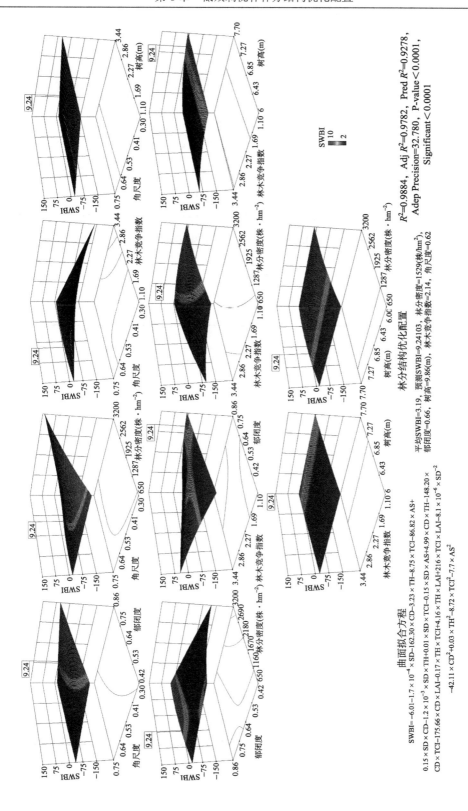

曲面拟合方程

SWBI=$-6.01-1.7\times10^{-4}\times$SD$-162.30\times$CD$-3.23\times$TH$-8.75\times$TCI$-86.82\times$AS+
$0.15\times$SD$\times$CD$-1.2\times10^{-3}\times$SD$\times$TH$+0.01\times$SD$\times$TCI$-0.15\times$SD$\times$AS$+4.99\times$CD$\times$TH$-148.20\times$
CD$\times$TCI$-175.66\times$CD$\times$LAI$-0.17\times$TH$\times$TCI$+4.16\times$TH$\times$LAI$+216\times$TCI$\times$LAI$-8.1\times10^{-6}\times$SD^{-2}
$-42.11\times$CD$^2+0.03\times$TH$^2-8.72\times$TCI$^2-7.7\times$AS^2

$R^2=0.9884$, Adj $R^2=0.9782$, Pred $R^2=0.9278$,
Adep Precision=32.780, P-value＜0.0001
Significant＜0.0001

林分结构优化配置

平均SWBI=3.19, 预测SWBI=9.24103, 林分密度=1529(株/hm^2),
郁闭度=0.66, 树高=9.86(m), 林木竞争指数=2.14, 角尺度=0.62

图 6-2　中度低效刺槐林林分结构优化结果

6.1.3　重度低效

　　对重度低效刺槐林型林分结构进行响应面分析，经过二次回归拟合分析可得响应面方程（图 6-3），方程中 SD 指林分密度，CD 指郁闭度，TH 指树高，TCI 指林木竞争指数，LAI 指叶面积指数。由表 6-3 可知，响应面方程的 Sig 值<0.05，响应面方程的相关系数和校正的相关系数分别为 0.9108 和 0.9394，说明分析得到的二次方程是可接受的，可用于表达重度低效刺槐林型水土保持功能导向型的林分结构优化理论分析。根据已有的实测数据进行水土保持功能导向型的林分结构优化分析，分析结果表明响应面方程的预测相关系数为 0.9201，说明该响应面方程可用于预测重度低效刺槐林型林分结构的优化配置研究。

表 6-3　BBD 响应曲面实验设计的方差分析

分析对象	来源	总方差	自由度	均方差	F 值	Sig 值
Y（SWBI）	模型	13.28	20	0.66	12.76	< 0.0001
	A-SD	0.37	1	0.37	7.11	0.0133
	B-CD	0.081	1	0.081	1.56	0.2234
	C-TH	0.033	1	0.033	0.63	0.4365
	D-TCI	0.14	1	0.14	2.67	0.1145
	E-LAI	4.270×10^{-3}	1	4.270×10^{-3}	0.082	0.7769
	AB	0.27	1	0.27	5.22	0.0310
	AC	0.099	1	0.099	1.90	0.1801
	AD	1.02	1	1.02	19.62	0.0002
	AE	0.011	1	0.011	0.21	0.6490
	BC	0.056	1	0.056	1.08	0.3090
	BD	9.439×10^{-3}	1	9.439×10^{-3}	0.18	0.6738
	BE	4.970×10^{-3}	1	4.970×10^{-3}	0.096	0.7598
	CD	0.067	1	0.067	1.28	0.2688
	CE	0.057	1	0.057	1.09	0.3063
	R^2	0.9108				
	R_{adj}^2	0.9394				
	R_{pre}^2	0.9201				

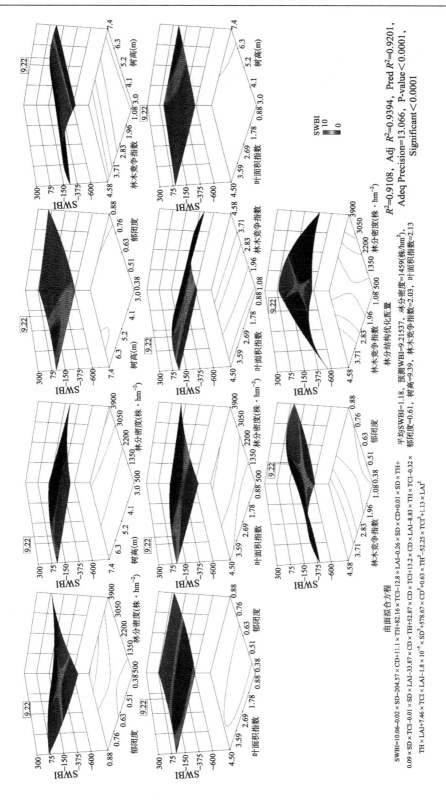

图 6-3　重度低效刺槐林林分结构优化结果

在进行重度低效刺槐林型林分结构优化时，以功能最大化（SWBI=10）为目标导向，以正常林分的林分结构指标范围为重度低效林林分结构优化参考。优化结果表明重度低效刺槐林林分结构的最优配置为林分密度=1459 株·hm^{-2}，林分郁闭度=0.61，林木树高=9.39 m，林木竞争指数=2.03，林分叶面积指数=2.13。根据预测，重度低效刺槐林水土保持功能综合指数为 9.22，与优化前的重度低效刺槐林水土保持功能综合指数平均水平1.18 相比，预期值将提高 6 倍。

6.1.4 优化目标验证

为了验证轻度低效、中度低效和重度低效类型的林分结构优化模型方程是否可用于低效林林分结构配置优化目标计算，本节选取五个正常林分，分别计算这五个正常林分的水土保持效益值和各林分结构指标值，并对不同低效类型的林分结构优化模型方程进行验证，结果如表 6-4 所示。结果表明，根据实测数据计算的水土保持效益值（SWBI）与林分结构优化模型方程计算的效益值之间均存在偏差。通过计算两种方法得到的水土保持效益值之间的相对误差，结果表明两种方法得到的水土保持效益值的相对误差（APE）均在 10%以内，因此，通过响应面分析得到的林分结构优化模型方程可接受用于水土保持效益值的估算。

表 6-4 林分结构配置优化模型方程验证结果

低效类型	SWBI	样地 1	样地 2	样地 3	样地 4	样地 5
轻度低效	真实值	8.81	8.74	8.65	8.51	8.37
	模拟值	8.46	8.27	8.26	8.03	7.99
相对误差绝对值/APE		0.04	0.05	0.05	0.06	0.05
中度低效	真实值	8.81	8.74	8.65	8.51	8.37
	模拟值	8.02	8.71	8.53	8.46	8.37
相对误差绝对值/APE		0.09	0.00	0.01	0.01	0.00
重度低效	真实值	8.81	8.74	8.65	8.51	8.37
	模拟值	8.31	8.49	8.98	8.53	8.17
相对误差绝对值/APE		0.06	0.03	0.04	0.00	0.02

6.2 林分结构调控措施分析

6.2.1 封山育林

前文对刺槐林进行类型划分，结果表明刺槐林按照水土保持功能为导向可分为正常林分、轻度低效、中度低效和重度低效等四种类型。随着低效等级的增加，对应的水土保持功能逐渐减弱，且相应的林分结构配置也越不合理。前文分析结果表明次生林的林分结构较人工林合理，纯林整体林分结构差异性大和不稳定，相对而言，混交林林分结构更接近于次生林。此外，次生林的水土保持功能优于人工林，混交林水土保持功能优于纯林。因此，低效林林分结构调控的目的是将轻度低效、中度低效和重度低效三个低效等级的林分结构通过有效抚育措施使其各自林分结构得到优化、各自等级的水土保持功能逐渐得到改善和提升，不断向形成正常刺槐林分和混交林过渡，使其林分结构接近次生林，林分结构变化的总体趋势如表 6-5 所示。从图中可知，正常刺槐林应实施封禁管理，营造稳定的立地环境以保证林分结构更接近次生林，最终水土保持功能得到稳定和可持续发挥。

表 6-5　优化措施配置后低效林林分特征发展趋势

林分特征	林分类型	措施	林分类型	措施	林分类型	
	轻度低效林	林分结构优化	正常林或混交林	抚育经营	近次生林或天然林	次生林或天然林
	中度低效林					
	重度低效林					
林分结构	树种组成：纯林 林　　龄：同龄 林　　层：单层 灌　　草：<20 种 土　　层：薄 郁 闭 度：高/低 经营时间：10~20a		树种组成：纯林 林　　龄：同龄 林　　层：单层 灌　　草：<25~50 种 土　　层：一般 郁 闭 度：中 经营时间：20~30a		树种组成：纯林 林　　龄：同龄 林　　层：单层 灌　　草：>50 种 土　　层：较厚 郁 闭 度：中 经营时间：>30a	树种组成：纯林 林　　龄：同龄 林　　层：单层 灌　　草：>50 种 土　　层：厚 郁 闭 度：中 经营时间：>40a
水土保持功能	弱		较强		强	更强

6.2.2　抚育疏伐和更替补植

在林业生态工程以及森林经营中，对林分进行抚育调控是必须和必要的管理措施，很大程度上不仅可以增加林分结构的合理化，促进其在较为合理的林分结构配置中向着林分培育目标快速生长，到达森林经营需求，而且可以避免林分因林地环境在某方面提供单一物种优越条件，致使单一物种林分营养过剩最终造成肆意生长引发林分出现不良的林分竞争。此外，对林分进行抚育调控还可以将林地环境较差，林分生长状况也较差的林地通过抚育调控后使其具有一定的植被恢复条件，向着森林经营目标渐渐改良。因此，在森林经营中，对不同生长状况的林分提出适宜的林分调控抚育措施可减少林分改造的投入成本，缩小林分改造周期，且能实现较优的林分改造效果。

6.2.2.1 轻度低效刺槐林

前文分别针对轻度低效、中度低效和重度低效三种低效等级的刺槐林进行了水土保持功能导向型的林分结构配置措施优化研究，得到了三种低效等级条件下刺槐林林分结构优化目标。但是，在现实林业管理工作中如何进行林分结构的配置才能达到预想的水土保持功能是非常重要和具有挑战性的实际问题。前文轻度低效刺槐林林分结构和水土保持功能关系研究结果表明通过调控林分密度、林木树高、单株冠幅、叶面积指数这四个主要林分结构指标进而提高轻度低效刺槐林的水土保持功能。此外，林分叶面积指数和林木树高与林分密度之间的相关性大于 0.9，这说明轻度低效刺槐林林分结构的空间配置优化可以尝试通过调控林分密度来实现树高、叶面积指数和冠幅林分结构因子的优化。采用回归分析分别建立进行林分结构因子树高、叶面积指数和冠幅与林分密度的关系模型方程，并采用表 6-6 中的系数对模型方程进行评价。

表 6-6　模型评价参数

系数	计算公式	作用	说明
决定系数（R^2）	$R^2 = 1 - \dfrac{\sum_{i=1}^{n}(y_i - \hat{y}_i)^2}{\sum_{i=1}^{n}(y_i - \bar{y}_i)^2}$	推算估算值与真实值间的差异化程度	R^2 在 0～1 之间，该值越大，表明模型的预测精度越高
均方根误差（RMSE）	$RMSE = \sqrt{\dfrac{\sum_{i=1}^{n}(y_i - \hat{y}_i)^2}{n}}$	反映估算值偏离实测值的程度	RMSE 越小模型的精度越高
预估精度（P）	$P = \dfrac{1}{n} \times \sum_{i=1}^{n}(1 - \left|\dfrac{y_i - \hat{y}_i}{\hat{y}_i}\right|) \times 100\%$	反映模型的平均预估能力	P 值越大，表明模型的预测精度越高
相对分析误差（RPD）	$RPD = \dfrac{SD}{RMSE}$	检验估算模型的稳定性及预测能力	RPD＞2，模型估测效果较好；1.4＜RPD＜2，模型估测效果一般；RPD＜1.4，模型不能用于估测
相对误差（APE）	$APE = \left|\dfrac{\hat{y}_i - y_i}{y_i}\right| \times 100\%$	检验模型实测值与模拟值之间的偏差程度	APE 越小，模型模拟效果越好，APE＜10%，模型不被拒绝，可用于目标值模拟

注：式中，y_i 为第 i 个样本的实测值，$\hat{y}_i$ 为第 i 个样本的估算值，$\bar{y}_i$ 为所有样本实测值的平均值，SD 为样本的标准差。

回归分析结果表明轻度低效刺槐林林分密度-树高（SD-TH）的关系模型方程为

$$TH_{轻} = 10.355 + \frac{-1588.929}{SD_{轻}} \tag{6-1}$$

其中，$TH_{轻}$ 表示轻度低效刺槐林林分树高，$SD_{轻}$ 表示轻度低效刺槐林林分密度。计算结果表明模型评价参数 R^2 为 0.897，RMSE 为 0.064，P 为 0.990，RPD 为 4.78，可见上述模型方程可以很好地表达轻度低效刺槐林林分密度-树高（SD-TH）的关系。

回归分析结果表明轻度低效刺槐林林分密度-叶面积指数（SD-LAI）关系模型方程为

$$\text{LAI}_轻 = 3.796 + \frac{-2610.064}{\text{SD}_轻} \tag{6-2}$$

其中，$\text{LAI}_轻$表示轻度低效刺槐林林分叶面积指数，$\text{SD}_轻$表示轻度低效刺槐林林分密度。计算结果表明模型评价参数 R^2 为 0.989，RMSE 为 0.033，P 为 0.977，RPD 为 14.587，可见上述模型方程可以很好地表达轻度低效刺槐林林分密度-叶面积指数（SD-LAI）的关系。

回归分析结果表明轻度低效刺槐林林分密度-冠幅（SD-CA）关系模型方程为

$$\text{CA}_轻 = -31.065 + 5.287 \times \ln(\text{SD}_轻) \tag{6-3}$$

其中，$\text{CA}_轻$表示轻度低效刺槐林林分冠幅，$\text{SD}_轻$表示轻度低效刺槐林林分密度。计算结果表明模型评价参数 R^2 为 0.986，RMSE 为 0.118，P 为 0.980，RPD 为 12.886，可见上述模型方程可以很好地表达轻度低效刺槐林林分密度-冠幅（SD-CA）的关系。

到此，我们通过回归分析分别建立了轻度低效刺槐林中对水土保持功能具有重要影响作用的林分结构因子与林分密度的关系模型方程。但是，当轻度低效林分林分密度调控至优化目标值 1698 株·hm^{-2} 时，其余林分结构因子是否能同时达到或者接近优化目标值呢？

验证结果如下表 6-7 所示，结果表明树高的优化预测值与优化目标值的相对误差（APE）大于 10%，不能满足优化林分密度来实现树高因子的优化，而叶面积指数（LAI）和冠幅（CA）的优化目标预测值与优化目标值的相对误差（APE）均在 10% 以内。这些结果说明，在轻度低效刺槐林中通过调控林分密度可以同时实现这两个主要林分结构因子的优化，而不能通过优化林分密度来实现树高因子的优化，这是符合实际情况的，树高因子表征林木个体的生长情况，林木个体的生长主要受土壤水分和土壤养分的供应影响，树高因子受林分密度因子的影响不如其余两个因子大。但从长期来看，12.01% 的相对误差表明，随着优化林分密度的合理化，林地土壤水分和土壤养分对林木的供应情况会自行调整到平衡的水平，林木个体有望实现一定程度的增长。

表 6-7　轻度低效刺槐林优化效果分析

林分结构因子	优化目标值	优化目标预测	相对误差	是否优化
树高（TH, m）	11	8.42	12.01%	否
叶面积指数（LAI）	2.35	2.26	3.87%	是
冠幅（CA, m^2）	7.52	8.25	9.78%	是

综上所述，轻度低效刺槐林的林分结构优化配置可以将林分密度调控至 1698 株·hm^{-2}

来实现。我们在 5.5.1 节中对三种低效刺槐林林分结构特征进行分析，分析结果表明，正常林分、轻度低效林、中度低效林和重度低效林四种等级的主要林分结构指标值随等级的降低呈现两极分化的分布趋势。这也表明对轻度低效刺槐林林分密度调控主要是针对高林分密度和低林分密度两种类型林分进行林分密度优化。在实际林地中，坡度、坡向和海拔三个地形因子对植被分布具有重要的影响。在进行林分密度优化时需要考虑林地的地形因子要素以达到因地制宜地进行林分密度调控。在 5.5.2 节中对三种低效刺槐林林地特征进行分析，研究结果表明轻度低效刺槐林主要分布在海拔为 900~1200m、坡度以 20°~25°为主、坡向为半阴坡和半阳坡的位置。相应地，对轻度低效刺槐林林分密度进行调控，也就是对这一立地类型条件下的低效林进行林分密度优化。

6.2.2.2 中度低效刺槐林

前文中度低效刺槐林耦合分析结果表明，林分密度度（SD）、树高（TH）、郁闭度（CD）、林木竞争指数（TCI）和林分角尺度（AS）等林分结构因子对水土保持功能具有显著影响作用。林分郁闭度、林木竞争指数和林分角尺度与林分密度之间的路径系数分别为 0.96 和 0.91、0.84，林分角尺度与林木树高之间的相关性系数为 0.91，可以通过调控林分密度和林木树高可以实现林分角尺度的优化。也就是说，在中度低效刺槐林的林分结构调控过程中，可以尝试通过调控林分密度来实现其他主要林分结构优化，从而实现中度低效刺槐林林分结构空间配置的优化。

对于中度低效刺槐林林分结构优化，本节同样通过回归分析，分别建立树高（TH）、郁闭度（CD）、林木竞争指数（TCI）、林分角尺度（AS）林分结构因子和林分密度度（SD）的关系模型方程。依然采用决定系数（R^2）、均方根误差（RMSE）、预估精度（P）、相对分析误差（RPD）、相对误差（APE），各系数的计算方法同表 6-5，此处不再赘述。

回归分析结果表明中度低效刺槐林林分密度-树高（SD-TH）的关系模型方程为

$$TH_{中}=5.048\times10^{-10}\times SD_{中}^{3}-4.2\times10^{-6}\times SD_{中}^{2}+0.01\times SD_{中}+1.331 \qquad (6\text{-}4)$$

其中，$TH_{中}$ 表示中度低效刺槐林林分树高，$SD_{中}$ 表示中度低效刺槐林林分密度。计算结果表明模型评价参数 R^2 为 0.930，RMSE 为 0.289，P 为 0.988，RPD 为 1.424，可见上述模型方程可以很好地表达中度低效刺槐林林分密度-树高（SD-TH）的关系。

回归分析结果表明中度低效刺槐林林分密度-郁闭度（SD-CD）关系模型方程为

$$CD_{中}=1.296\times10^{-11}\times SD_{中}^{3}-1.009\times10^{-7}\times SD_{中}^{2}+3.93\times10^{-4}\times SD_{中}+0.219 \qquad (6\text{-}5)$$

其中，$CD_{中}$ 表示中度低效刺槐林林分郁闭度，$SD_{中}$ 表示中度低效刺槐林林分密度。计算结果表明模型评价参数 R^2 为 0.994，RMSE 为 0.006，P 为 0.999，RPD 为 27.604，可见上述模型方程可以很好地表达中度低效刺槐林林分密度-郁闭度（SD-CD）的关系。

回归分析结果表明中度低效刺槐林林分密度-林木竞争指数（SD-TCI）关系模型方

程为

$$\text{TCI}_{中}=8.441\times10^{-8}\times\text{SD}_{中}{}^{2}+5\times10^{-4}\times\text{SD}_{中}+0.981 \tag{6-6}$$

其中，$\text{TCI}_{中}$ 表示中度低效刺槐林林木竞争指数，$\text{SD}_{中}$ 表示中度低效刺槐林林分密度。计算结果表明模型评价参数 R^{2} 为 0.982，RMSE 为 0.052，P 为 0.998，RPD 为 14.815，可见上述模型方程可以很好地表达林分密度-林木竞争指数（SD-TCI）的关系。

回归分析结果表明中度低效刺槐林林分密度-角尺度（SD-AS）关系模型方程为

$$\text{CA}_{中}=0.0379\times\text{SD}_{中}{}^{0.3715} \tag{6-7}$$

其中，$\text{CA}_{中}$ 表示中度低效刺槐林林分角尺度，$\text{SD}_{中}$ 表示中度低效刺槐林林分密度。计算结果表明模型评价参数 R^{2} 为 0.992，RMSE 为 0.005，P 为 0.999，RPD 为 22.013，可见上述模型方程可以很好地表达中度低效刺槐林林分密度-角尺度（SD-AS）的关系。

到此，我们通过回归分析分别建立了中度低效刺槐林中对水土保持功能具有重要影响作用的林分结构因子与林分密度的关系模型方程。但是，当中度低效林分林分密度调控至优化目标值 1529 株·hm^{-2} 时，其余林分结构因子是否能同时达到或者接近优化目标值呢？

验证结果如下表 6-8 所示，结果表明树高的优化预测值与优化目标值的相对误差（APE）大于 10%，不能满足优化林分密度来实现树高因子的优化，而叶面积指数（LAI）和冠幅（CA）的优化目标预测值与优化目标值的相对误差（APE）均在 10% 以内。这些结果说明，在中度低效刺槐林中通过调控林分密度可以同时实现这两个主要林分结构因子的优化，而不能通过优化林分密度来实现树高因子的优化，这是符合实际情况的，树高因子表征林木个体的生长情况，林木个体的生长主要受土壤水分和土壤养分的供应影响，树高因子受林分密度因子的影响不如其余两个因子大。但从长期来看，12.71% 的相对误差表明，随着优化林分密度的合理化，林地土壤水分和土壤养分对林木的供应情况会自行调整到平衡的水平，林木个体有望实现一定程度的增长。

表 6-8　中度低效刺槐林林分结构优化效果分析

林分结构因子	优化目标值	优化目标预测	相对误差	是否优化
树高（TH, m）	9.86	8.60	12.71%	否
郁闭度（CD）	0.66	0.63	4.49%	是
林木竞争指数（TCI）	2.14	1.94	9.21%	是
林分角尺度（AS）	0.62	0.58	6.83%	是

综上所述，中度低效刺槐林的林分结构优化配置可以将林分密度调控至 1529 株·hm^{-2} 来实现。我们在 5.5.1 节中对三种低效刺槐林林分结构特征进行分析，分析结果表明，正常林分、轻度低效林、中度低效林和重度低效林四种等级的主要林分结构指标值随等级

的降低呈现两极分化的分布趋势。这也表明对中度低效刺槐林林分密度调控同样是针对高林分密度和低林分密度两种类型林分进行林分密度优化。前文 5.5.1 节分析结果表明，中度低效刺槐林主要分布在海拔为 900～1300 m、坡度以 25°～30°为主、坡向为半阳坡和阳坡的位置。对中度低效刺槐林林分密度进行调控则即为对这一立地类型条件下的低效林进行林分密度优化。

6.2.2.3　重度低效刺槐林

通过对重度低效刺槐林林分结构和水土保持功能关系的研究发现，林分密度度（SD）、树高（TH）、郁闭度（CD）、林木竞争指数（TCI）和叶面积指数（LAI）等林分结构因子对水土保持功能具有显著影响作用。林分郁闭度、林木竞争指数、林分叶面积指数与林分密度之间的路径系数分别为 0.83、0.81、0.83。也就是说，在重度低效刺槐林的林分结构调控过程中，可以尝试通过调控林分密度来实现其他主要林分结构优化，从而实现重度低效刺槐林林分结构空间配置的优化。

对于重度低效刺槐林林分结构优化，本节同样通过回归分析，分别建立树高（TH）、郁闭度（CD）、林木竞争指数（TCI）、叶面积指数（LAI）林分结构因子和林分密度度（SD）的关系模型方程。本节依然采用决定系数（R^2）、均方根误差（RMSE）、预估精度（P）、相对分析误差（RPD）、相对误差（APE），各系数的计算方法同表 6-5，此处不再赘述。

回归分析结果表明重度低效刺槐林林分密度-树高（SD-TH）的关系模型方程为

$$TH_{重}=7.896+\frac{-1219.711}{SD_{重}} \tag{6-8}$$

其中，$TH_{重}$ 表示重度低效刺槐林林分树高，$SD_{重}$ 表示重度低效刺槐林林分密度。计算结果表明模型评价参数 R^2 为 0.848，RMSE 为 0.147，P 为 0.989，RPD 为 6.540，可见上述模型方程可以很好地表达重度低效刺槐林林分密度-树高（SD-TH）的关系。

回归分析结果表明重度低效刺槐林林分密度-郁闭度（SD-CD）关系模型方程为

$$CD_{重}=-4.054\times10^{-8}\times SD_{重}^{2}+0.0003\times SD_{重}+0.2292 \tag{6-9}$$

其中，$CD_{重}$ 表示重度低效刺槐林林分郁闭度，$SD_{重}$ 表示重度低效刺槐林林分密度。计算结果表明模型评价参数 R^2 为 0.931，RMSE 为 0.024，P 为 0.998，RPD 为 9.735，可见上述模型方程可以很好地表达重度低效刺槐林林分密度-郁闭度（SD-CD）的关系。

回归分析结果表明重度低效刺槐林林分密度-林木竞争指数（SD-TCI）关系模型方程为

$$TCI_{重}=2.83\times10^{-7}\times SD_{重}^{2}-2\times10^{-4}\times SD_{重}+1.1928 \tag{6-10}$$

其中，$TCI_{重}$ 表示重度低效刺槐林林木竞争指数，$SD_{重}$ 表示重度低效刺槐林林分密度。计算结果表明模型评价参数 R^2 为 0.995，RMSE 为 0.040，P 为 0.997，RPD 为 34.679，可见上述模型方程可以很好地表达林分密度-林木竞争指数（SD-TCI）的关系。

回归分析结果表明重度低效刺槐林林分密度-叶面积指数（SD-LAI）关系模型方程为：

$$\text{LAI}_{重} = -1.076 \times 10^{-7} \times \text{SD}_{重}^2 + 1.6 \times 10^{-3} \times \text{SD}_{重} + 0.024 \tag{6-11}$$

其中，$\text{LAI}_{重}$ 表示重度低效刺槐林林分角尺度，$\text{SD}_{重}$ 表示重度低效刺槐林林分密度。计算结果表明模型评价参数 R^2 为 0.997，RMSE 为 0.032，P 为 0.997，RPD 为 51.916，可见上述模型方程可以很好地表达重度低效刺槐林林分密度-叶面积指数（SD-LAI）的关系。

到此，我们通过回归分析分别建立了重度低效刺槐林中对水土保持功能具有重要影响作用的林分结构因子与林分密度的关系模型方程。但是，当重度低效林分林分密度调控至优化目标值 1459 株·hm^{-2} 时，其余林分结构因子是否能同时达到或者接近优化目标值呢？

验证结果如下表 6-9 所示，结果表明树高的优化预测值与优化目标值的相对误差（APE）大于 10%，不能满足优化林分密度来实现树高因子的优化，而叶面积指数（LAI）和冠幅（CA）的优化目标预测值与优化目标值的相对误差（APE）均在 10% 以内。这些结果说明，在重度低效刺槐林中通过调控林分密度可以同时实现这两个主要林分结构因子的优化，而不能通过优化林分密度来实现树高因子的优化，这是符合实际情况的，树高因子表征林木个体的生长情况，林木个体的生长主要受土壤水分和土壤养分的供应影响，树高因子受林分密度因子的影响不如其余两个因子大。但从长期来看，24.81% 的相对误差表明，随着优化林分密度的合理化，林地土壤水分和土壤养分对林木的供应情况会自行调整到平衡的水平，林木个体有望实现一定程度的增长。

表 6-9　重度低效刺槐林林分结构优化效果分析

林分结构因子	优化目标值	优化目标预测	相对误差	是否优化
树高（TH, m）	9.39	8.06	24.81%	否
郁闭度（CD）	0.61	0.58	4.82%	是
林木竞争指数（TCI）	2.03	1.86	8.44%	是
叶面积指数（LAI）	2.13	2.129	0.03%	是

综上所述，重度低效刺槐林的林分结构优化配置可以将林分密度调控至 1459 株·hm^{-2} 来实现。我们在 5.5.1 节中对三种低效刺槐林林分结构特征进行分析，分析结果表明，正常林分、轻度低效林、中度低效林和重度低效林四种等级的主要林分结构指标值随等级的降低呈现两极分化的分布趋势。这也表明对重度低效刺槐林林分密度调控依然是针对高林分密度和低林分密度两种类型林分进行林分密度优化。前文 5.5.1 节分析结果表明，重度低效刺槐林主要分布在海拔为 1000～1300 m、坡度以 25°～35° 为主、坡向为半阳坡和阳坡的位置。相应地，对中度低效刺槐林林分密度进行调控，也就是对这一立地类型

条件下的低效林进行林分密度优化。轻度低效、中度低效、重度低效三种低效林林分密度优化目标值不同，对于各自目标林分密度条件和对应的实际立地条件下的刺槐林木个体在实施抚育疏伐时应遵循什么样的株行距才能使得林木个体配置更合理，分布更均匀、林分结构更稳定。

上文分析结果表明轻度低效、中度低效和重度低效等三种刺槐林林分结构优化最终可转化为对易控林分结构因子林分密度的调控。结合林分结构优化目标和坡度、坡向、海拔等地形因子给出了高林分密度低效林的具体林分密度调控措施方案（表 6-9）。对高林分密度类型的低效刺槐林，其林分密度调控措施是通过抚育疏伐的林分抚育措施来降低林分密度，营造林分密度合理、配置合理的高效纯林。

从表 6-9 可知，轻度低效刺槐林的抚育疏伐对象是林分密度为 1800～2400 株·hm^{-2} 林分，这部分林分抚育采伐强度为 5.67%～29.25%，没有超过 30%，因此，这部分林分的抚育期为 5 年。从表中还可知，这部分林分的抚育采伐方式可采取择伐和渐伐相互辅佐。在晋西黄土区，甚至整个黄土高原区，其地貌类型多为丘陵区和残塬沟壑区，地形高低起伏不平，为了保护植被不出现倾倒、稳固根系、保护水土资源，故均选择水平阶的营林方式。具体可根据地形条件因地制宜地选择长方形配置（株行距：2m×3m）、正方形配置（株行距：2.45m×2.45m）和正三角形配置（株行距：2.6m×2.6m）以保证抚育疏伐后的林分形成密度合理、配置合理的高效纯林。

中度度低效刺槐林的抚育疏伐对象是林分密度为 2500～3000 株·hm^{-2} 林分，这部分林分抚育采伐强度为 38.84%～49.03%，可将这部分林分的抚育期定为 2 个，即 10 年。从表 6-9 中还可知，这部分林分的抚育采伐方式可采取择伐和渐伐相互辅佐。在晋西黄土区，甚至整个黄土高原区，其地貌类型多为丘陵区和残塬沟壑区，地形高低起伏不平，为了保护植被不出现倾倒、稳固根系、保护水土资源，故均选择水平阶的营林方式。具体可根据地形条件因地制宜地选择长方形配置（株行距：2.2m×3m）、正方形配置（株行距：2.55m×2.55m）和正三角形配置（株行距：2.7m×2.7m）以保证抚育疏伐后的林分形成林分密度合理、配置合理的高效纯林。

重度低效刺槐林的抚育疏伐对象是林分密度为 2700～3600 株·hm^{-2} 林分，这部分林分抚育采伐强度为 45.96%～59.47%，依然将这部分林分的抚育期定为 10 年。从表 6-10 中还可知，这部分林分的抚育采伐方式可采取择伐和渐伐相互辅佐。在晋西黄土区，甚至整个黄土高原区，其地貌类型多为丘陵区和残塬沟壑区，地形高低起伏不平，为了保护植被不出现倾倒、稳固根系、保护水土资源，故均选择水平阶的营林方式。具体可根据地形条件因地制宜地选择长方形配置（株行距：2.3m×3m）、正方形配置（株行距：2.6m×2.6m）和正三角形配置（株行距：2.8m×2.8m）以保证抚育疏伐后的林分形成林分密度合理、配置合理的高效纯林。

表 6-10　高密度低效林林分结构优化配置

林分类型	所属地形条件			林分结构优化目标	林分结构调控措施—抚育疏伐
	坡度	坡向	海拔		
轻度低效	20°~25°	半阴半阳	900~1200m	林分密度=1698 株·hm^{-2} 林木树高=11m 林木冠幅=7.52m^2 林分叶面积指数=2.35 SWBI=9.32 水土保持功能提升 86%	抚育对象：1800~2400 株·hm^{-2}；抚育采伐强度：5.67%~29.25%；抚育期：5 a； 抚育采伐方式：择伐、渐伐 配置方式：因地制宜选择长方形配置（2m×3m）、正方形配置（2.45m×2.45m）和正三角形配置（2.6m×2.6m） 营林方式：水平阶
中度低效	25°~30°	半阳阳坡	900~1300m	林分密度=1529 株·hm^{-2} 林分郁闭度=0.66 林木树高=9.86m 林木竞争指数=2.14 林分角尺度=0.62 SWBI=9.24 水土保持功能提升 3 倍	抚育对象：2500~3000 株·hm^{-2}；抚育采伐强度：38.84%~49.03%；抚育期：10 a； 抚育采伐方式：择伐、渐伐 配置方式：因地制宜选择长方形配置（2.2m×3m）、正方形配置（2.55m×2.55m）和正三角形配置（2.7m×2.7m） 营林方式：水平阶
重度低效	25°~35°	半阳阳坡	1000~1300m	林分密度=1459 株·hm^{-2} 林分郁闭度=0.61 林木树高=9.39m 林木竞争指数=2.03 林分叶面积指数=2.13 SWBI=9.22 水土保持功能提升 6 倍	抚育对象：2700~3600 株·hm^{-2}；抚育采伐强度：45.96%~59.47%；抚育期：10 a； 抚育采伐方式：择伐、渐伐 配置方式：因地制宜选择长方形配置（2.3m×3m）、正方形配置（2.6m×2.6m）和正三角形配置（2.8m×2.8m） 营林方式：水平阶

　　轻度低效、中度低效、重度低效三种低效林林分密度优化目标值不同,对于各自目标林分密度条件和对应的实际立地条件下的刺槐林木个体在实施更替补植时应遵循什么样的株行距才能使得林木个体配置更合理,分布更均匀、林分结构更稳定。上文分析结果表明轻度低效、中度低效和重度低效等三种刺槐林林分结构优化最终可转化为对易控林分结构因子林分密度的调控。表 6-11 结合林分结构优化目标和坡度、坡向、海拔等地形因子给出了低林分密度低效林的具体林分密度调控措施方案。从表 6-11 可知,针对低密度类型的低效刺槐林,其林分密度调控措施是通过更替补植的林分抚育措施来增加林分密度,营造林分密度更合理、林分配置合理的高效混交林。

　　从表 6-11 可知,轻度低效刺槐林的更替补植对象是林分密度为 1200～1400 株·hm^{-2} 林分,根据适宜密度目标值可计算得出这部分林分抚育补植强度为 21.29%～41.5%。由于晋西黄土区地貌类型多为丘陵区和残塬沟壑区,地形高低起伏不平,为了保护植被不出现倾倒、稳固根系、保护水土资源,故这部分林分的营林方式适宜采用水平阶的营林方式。在此基础上,根据实际林地情况选择乔木混交、乔木与中小乔木混交、乔灌混交和综合混交等多种混交类型。对于更替补植的这部分林分可因地制宜地选择株间、行间、带状、块状和星状混交方式。在坡度、坡向地形因子的影响下,林分配置可选择长方形配置(株行距:2m×3m)、正方形配置(株行距:2.45m×2.45m)和正三角形配置(株行距:2.6m×2.6m)中任意一种或多种以营造林分密度合理、林分层次丰富、配置合理的高效混交林,这部分林分应在抚育期 5 年内完成更替补植。

　　中度低效刺槐林的更替补植对象是林分密度为 500～1000 株·hm^{-2} 林分,根据适宜密度目标值可计算得出这部分林分抚育补植强度为 52.9%～205.8%。由于晋西黄土区地形条件多为丘陵状和残塬沟壑区,地形高低起伏不平,为了保护植被不出现倾倒、稳固根系、保护水土资源,这部分林分的营林方式依然采用水平阶的营林方式。根据实际林地情况选择乔木混交、乔木与中小乔木混交、乔灌混交和综合混交等多种混交类型。对于更替补植的这部分林分可因地制宜地选择株间、行间、带状、块状和星状混交方式。在坡度、坡向地形因子的影响下,林分配置可选择长方形配置(株行距:2.2m×3m)、正方形配置(株行距:2.55m×2.55m)和正三角形配置(株行距:2.7m×2.7m)中任意一种或多种以营造林分密度合理、林分层次丰富、配置合理的高效混交林。这部分林分应在抚育期 10 年内完成更替补植。

　　重度低效刺槐林的更替补植对象是林分密度为 0～900 株·hm^{-2} 林分,根据适宜密度目标值可计算得出这部分林分抚育补植强度为 62.11%～205.8%。这部分林分的营林方式、混交类型和混交方式同上述两种低效林。在坡度、坡向地形因子的影响下,林分配置可选择长方形配置(株行距:2.3m×3m)、正方形配置(株行距:2.6m×2.6m)和正三角形配置(株行距:2.8m×2.8m)中任意一种或多种以营造林分密度合理、林分层次丰富、配置合理的高效混交林,这部分林分应在抚育期 10 年内完成更替补植。

表 6-11　低效林林分结构优化配置

林分类型	所属地形条件			林分结构优化目标	林分结构调控措施-更替补植
	坡度	坡向	海拔		
轻度低效	20°~25°	半阴半阳	900~1200m	林分密度=1698株·hm^{-2} 林木树高=11m 林木冠幅=7.52m^2 林分叶面积指数=2.35 SWBI=9.32 水土保持功能提升86%	抚育对象: 1200~1400株·hm^{-2}; 抚育补植强度: 21.29%~41.5%; 抚育期: 5a; 营林方式: 水平阶; 混交方式: 因地制宜选择株间、行间、带状、块状和星状; 混交类型: 因地制宜选择乔木混交、乔木与中小乔木混交、乔灌混交和综合混交; 配置方式: 因地制宜选择长方形配置(2m×3m)、正方形配置(2.45m×2.45m)和正三角形配置(2.6m×2.6m); 整地方式: 穴状整地(60cm^3×60cm^3×60cm^3); 种植方式: 植苗造林
中度低效	25°~30°	半阴阳坡	900~1300m	林分密度=1529株·hm^{-2} 林分郁闭度=0.66 林木树高=9.86m 林木竞争指数=2.14 林分角尺度=0.62 SWBI=9.24 水土保持功能提升3倍	抚育对象: 500~1000株·hm^{-2}; 抚育补植强度: 52.9%~205.8%; 抚育期: 10a; 营林方式: 水平阶; 混交方式: 因地制宜选择株间、行间、带状、块状和星状; 混交类型: 因地制宜选择乔木混交、乔木与中小乔木混交、乔灌混交和综合混交; 配置方式: 因地制宜选择长方形配置(2.2m×3m)、正方形配置(2.55m×2.55m)和正三角形配置(2.7m×2.7m); 整地方式: 穴状整地(60cm^3×50cm^3×60cm^3); 种植方式: 植苗造林
重度低效	25°~35°	半阳阳坡	1000~1300m	林分密度=1459株·hm^{-2} 林分郁闭度=0.61 林木树高=9.39m 林木竞争指数=2.03 林分叶面积指数=2.13 SWBI=9.22 水土保持功能提升6倍	抚育对象: 0~900株·hm^{-2}; 抚育补植强度: 62.11%~205.8%; 抚育期: 10a; 营林方式: 水平阶; 混交方式: 因地制宜选择株间、行间、带状、块状和星状; 混交类型: 因地制宜选择乔木中小乔木混交、乔灌混交和综合混交; 配置方式: 因地制宜选择长方形配置(2.3m×3m)、正方形配置(2.6m×2.6m)和正三角形配置(2.8m×2.8m); 整地方式: 穴状整地(60cm^3×60cm^3×60cm^3); 种植方式: 植苗造林

6.2.3　适宜林分密度验证

截至上一节内容，通过对晋西黄土区四种典型林分进行林分结构和水土保持功能特征分析和综合评价。根据综合评价结果，以刺槐林为例开展低效林研究，对其进行低效等级划分和低效成因机制分析，基于此基础对不同低效等级刺槐林林分结构优化目标及林分结构配置优化开展研究。研究结果确定了三种低效等级刺槐林在水土保持综合功能最优时的林分结构配置。对应地，三个低效等级适宜林分密度应分别控制为：1698 株·hm^{-2}、1529 株·hm^{-2} 和 1459 株·hm^{-2}。通过选取五个实际林分密度在 1400～1700 株·hm^{-2} 的刺槐林作为标准林分采用空间代替时间的方法对三个低效等级刺槐林的林分结构配置优化模型方程成功进行了验证。

前文研究结果表明，低效林的优化关键还是对林分密度进行调控以保证水土保持功能的恢复和提升。因此，为了进一步对所得出的适宜林分进行验证，本节通过探究刺槐林地土壤水分资源和土壤养分资源与林分密度的响应关系对适宜林分密度开展研究和分析。所选取的刺槐林林分密度包括～500 株·hm^{-2}、～1000 株·hm^{-2}、～1500 株·hm^{-2}、～2000 株·hm^{-2}、～2500 株·hm^{-2} 和～3000 株·hm^{-2} 六种林分密度梯度。

响应面分析结果（图 6-4）表明晋西黄土区刺槐林适宜林分密度应该控制为 1594 株·hm^{-2}，适宜林分密度区间应该控制在 940～2386 株·hm^{-2} 之间。对林分密度分布情况进行统计，结果表明，有 35.29% 的刺槐林林分密度不合理。在这些不合理的林分密度林分中有 65% 的刺槐林林分密度高于这个区间，而 35% 的刺槐林林分密度低于此区间。从该研究可知，研究区内刺槐林在考虑土壤水分资源和土壤养分资源的条件下，应适宜对现有林分密度不合理的林分向此适宜林分密度和适宜区间进行调控，以保证水土保持功能正常发挥。

以晋西黄土区蔡家川流域为研究区，以该流域内次生林、刺槐林、油松林、刺槐油松混交林等四种典型林分为研究对象，通过对四种典型林分的林分结构和水土保持功能进行了特征分析和综合评价，根据水土保持功能综合评价结果确定了急需开展林分结构优化配置研究的低效林林分类型。以低效林界定、低效林分类分级、低效林成因为重要基础内容开展研究，在此基础上对不同低效等级刺槐林林分结构特征、林分结构优化目标、林分结构调控技术进行研究，确定了以调控林分密度为主要调控措施的轻度低效、中度低效和重度低效三种低效等级的刺槐林林分结构优化配置技术。最后基于林分密度和林地土壤水分资源和土壤养分资源的响应关系对所提出的适宜林分密度进行验证。

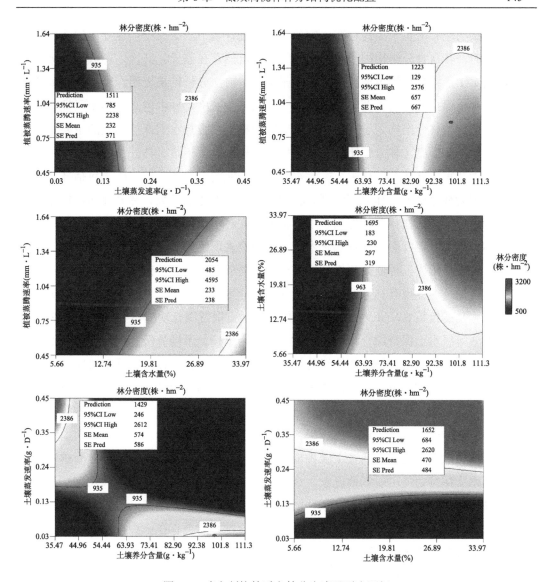

图 6-4 确定刺槐林适宜林分密度及适宜区间

6.3 不同等级低效林优化差异

对低效刺槐林林分结构配置优化开展研究和分析,研究结果发现,轻度低效、中度低效和重度低效三种低效刺槐林林分结构配置优化目标存在一定差异,这与赵良平等(2007)的研究结果相类似。作者认为这种差异主要由于以下三个方面造成。首先,各低效等级刺槐林立地条件的成分复杂性和林分结构稳定性各不相同(余坤勇等,2007)。当进行低效林等级划分和归类以后,这种立地条件的差异将被一定程度上被区分和放大,各自林分结构现有配置也因此存在一定差异，在进行基于水土保持功能导向的林分结构因子优化时，各自林分结构因子所能达到的水平自然存在差异。其次，各低效等级刺槐林中影响水土保持功能的主要林分结构因子不同。前文分析结果表明，轻度低效刺槐林中，影响水土保持功能的主要林分结构因子包括林分密度、林木树高、林木冠幅、林分叶面积指数四个林分结构因子，在中度低效刺槐林中，影响水土保持功能的主要林分结构因子包括林分密度、林分郁闭度、林木树高、林木竞争指数、林分角尺度五个林分结构因子，而在重度低效刺槐林中，影响水土保持功能的主要林分结构因子包括林分结构的最优配置为林分密度、林分郁闭度、林木树高、林木竞争指数、林分叶面积指数五个林分结构因子。在这些林分结构因子中，林分密度对水土保持功能的影响最大，其次是树高、林分郁闭度、叶面积指数和林木竞争指数也表现出对水土保持功能的影响较大。第三方面主要是因为三种低效刺槐林的水土保持功能存在差异。前文分析结果表明，三种低效等级的刺槐林现有林分结构下水土保持功能水平存在较大差异，轻度低效等级水土保持综合功能指数 SWBI 为 5，中度低效等级水土保持综合功能指数 SWBI 为 3.19，而重度低效等级水土保持综合功能指数 SWBI 仅为 1.18。不同等级刺槐林现有水土保持功能水平的差异是也是三种低效等级的林分结构配置优化目标存在差异重要原因。

林分密度因子作为影响三种低效等级水土保持功能和其余林分结构因子的最主要的影响因素，在水土保持功能导向型的林分结构优化中，其最终优化结果存在差异但基本处于 1400～1700 株·hm^{-2}，这与魏天兴（2010）的研究结果相似。该功能导向型下的适宜林分密度大致相同说明晋西黄土区种植刺槐林并非造林树种不对，这是林分结构不合理导致其水土保持功能出现低效现象。这与 Jian 等（2015）和 Wang 等（2016）基于土壤水分减少的基础上认为在黄土高原种植刺槐是错误的选择。当然，结果也表明刺槐林地植被恢复过程中土壤水分含量存在降低趋势，这是必然会存在一种自然现象。从土壤水分资源的耗散过程来看，随着植被逐渐恢复，其对土壤水分耗水量逐年增加（刘自强等，2016；2018；Liu et al.，2017；2018a；2018b；2019；2020），同时，林分树冠也会逐渐扩大，这将加强林分对林地的遮阴强度（Wang et al.，2018;彭瑞东等，2019），土壤蒸发强度会被抑制。这些现象可以通过调节林分结构进行平衡，减少土壤水分的输出量，但最主要的还是土壤水分输入过程存在不平衡。结果表明，在晋西黄土区，自 1957 年以来，降雨量以 5.22mm·$10a^{-1}$ 的速度呈现递减的变化趋势，而空气温度以 0.23℃·$10a^{-1}$ 的速度呈现出递增的变化趋势，这不仅对土壤水分的输入过程产生影响也在一定程度上加快了土壤水分的耗散过程。同时，此研究分析结果在其他研究分析中得到证实（Zhao et al.，2017）。因此，气候变化通过影响土壤水分的输入和输出过程进而影响不同立地条件下的刺槐林，刺槐林林分密度的差异化导致其余林分结构因子的不同，最终影响水土保持功能的发挥不同。最终三种低效等级刺槐林林分密度调控目标基本处于一个范围，说明，晋西黄土区现有的水分资源条件下可以承载一定量（1400～1700 株·hm^{-2}）的刺槐林，刺槐林也能在此林分密度条件下发挥其较优的水土保持功能，防止水土流失。

通过对其他林分结构因子分析结果表明，林分郁闭度应控制在 0.6～0.7 之间，这与王斌瑞（1987）和王智勇等（2018）的研究结果相同，也与国家林业标准中的林分改造建议相一致。表明对低效林林分叶面积指数的调控应在 2～3 之间，这与尤文忠等（2015）的研究结果相同。该郁闭度和叶面积指数的调控范围说明植被发挥水土保持功能并非极其复杂的植被结构，完全对降雨进行拦蓄，彻底防止水土流失。适当林分开窗对林分其余林地指标的协调度有较好地调控作用，尤其是对土壤水分的输入和输出过程具有较好的促进作用（何鹏俊等，2017）。此外，一定的地表径流和地下径流对土壤养分具有运移作用，起到养分均匀分布的调节作用（苏宇等，2019）。对一些有利的土壤微生物群落具有均匀分布作用，对于一些过于集中会对植被产生不利影响，尤其是对植被根系造成危害的细菌进行冲刷、分散在自然环境下通过类似化感作用的生物过程被消灭，维持土壤-植被微生物环境的平衡。Wang 等（2018；2019）的研究证实了这一观点。

针对由于林分密度过大引起的其余林分结构因子不协调后造成的刺槐林水土保持功能低效的林分进行结构配置优化技术研究分析，结果表明林分密度过大是晋西黄土区乃至整个黄土高原区刺槐林林分结构不合理的共性之一（侯贵荣等，2018；2019；周巧稚等，2018；王宁等，2019），需要对高林分密度低效林进行择伐或者间伐以降低林分密度至合理范围。对于低林分密度类型低效刺槐林林分改造应避免砍伐造成二次严重水土流失，因此给予补植更替措施，这与熊樱（2013）的研究结果建议一致，应当给予林分改造工作适当的调整期。

研究结果表明三种低效刺槐林林分结构配置优化中，林分密度对其余林分结构因子存在显著的影响，可通过直接调控林分密度实现其余林分结构因子的合理调控。分析结果表明，轻度低效、中度低效和重度低效刺槐的适宜林分密度分别为 1698 株·hm^{-2}、1529 株·hm^{-2} 和 1459 株·hm^{-2}，这种基于水土保持功能导向型确定的适宜林分密度研究方法与以往的研究不同。为了对功能导向型得出的适宜林分进行验证，本节通过探究刺槐林地土壤水分资源和土壤养分资源与林分密度的响应关系确定了晋西黄土区刺槐林适宜林分密度应该控制为 1594 株·hm^{-2}，适宜林分密度区间应该控制在 940～2386 株·hm^{-2} 之间。该适宜林分密度与水土保持功能导向型的适宜林分密度基本在一个林分密度范围（1400～1700 株·hm^{-2}）。此外，以往的研究基于土壤水平衡原理进行适宜林分密度或者是植被覆盖度研究和分析也得到类似的结果（毕华兴等，2007；张建军等，2007；魏天兴，2010）。此外，有 35.29% 的刺槐林林分密度不合理，在这些不合理的林分密度林分中有 65% 的刺槐林林分密度高于这个区间，而 35% 的刺槐林林分密度低于此区间。从该研究可知，晋西黄土区内刺槐林在考虑土壤水分资源和土壤养分资源的条件下，应适宜对现有林分密度不合理的林分向此适宜林分密度和适宜区间进行调控，以保证水土保持功能正常发挥。

6.4　本　章　小　结

以水土保持功能为导向，对晋西黄土区轻度低效、中度低效和重度低效刺槐林三种低效等级的林分结构优化配置目标和调控措施进行探究和分析，并且从土壤水分资源和土壤养分资源的角度求解适宜林分密度以验证水土保持功能导向型的适宜林分密度，主要结论如下：

（1）采用响应面分析法分析轻度低效、中度低效和重度低效刺槐林三种低效等级的林分结构优化配置目标，结果表明，轻度低效刺槐林林分结构的最优配置为林分密度=1698 株·hm^{-2}，林木树高=11m，林木冠幅=7.52m^2，林分叶面积指数=2.35；中度低效刺槐林林分结构的最优配置为林分密度=1529 株·hm^{-2}，林分郁闭度=0.66，林木树高=9.86m，林木竞争指数=2.14，林分角尺度=0.62；重度低效刺槐林林分结构的最优配置为林分密度=1459 株·hm^{-2}，林分郁闭度=0.61，林木树高=9.39m，林木竞争指数=2.03，林分叶面积指数=2.13。

（2）根据预测，轻度低效刺槐林水土保持功能综合指数为 9.32，中度低效刺槐林水土保持功能综合指数为 9.24，重度低效刺槐林水土保持功能综合指数为 9.22。与优化前相比，轻度低效刺槐林水土保持功能将有望提高约 86%，中度低效刺槐林水土保持功能将有望提高 3 倍，而重度低效刺槐林水土保持功能将有望提高 6 倍。

（3）通过计算五个正常林分的水土保持效益值和各林分结构指标值验证了不同低效类型的林分结构优化模型方程，两种方法得到的水土保持效益值的相对误差（APE）均在 10%以内，通过响应面分析得到的林分结构优化模型方程可接受用于水土保持效益值的估算。刺槐林地土壤水分资源和土壤养分资源与林分密度的响应关系表明晋西黄土区刺槐林适宜林分密度应该控制为 1594 株·hm^{-2}，适宜林分密度区间应该控制在 940～2386 株·hm^{-2} 之间。该适宜林分密度与水土保持功能导向型的适宜林分密度基本在一个林分密度范围（1400～1700 株·hm^{-2}）。轻度低效、中度低效和重度低效三种低效刺槐林林分结构优化目标模型预测方程分别为

轻度低效：

$$SWBI = -30.08 + 0.02 \times SD + 6.54 \times TH + 4.82 \times CA - 29.97 \times LAI - 2.62 \times 10^{-3} \times SD \times TH + 1.22 \times 10^{-4} \times SD \times CA - 2.16 \times 10^{-3} \times SD \times LAI - 0.31 \times TH \times CA + 3.4 \times TH \times LAI - 0.04 \times CA \times LAI + 1.08 \times 10 - 6 \times SD^2 - 0.36 \times TH^2 - 0.15 \times CA^2 + 1.49 \times LAI^2$$

中度低效：

$$SWBI = -6.01 - 1.7 \times 10^{-4} \times SD - 162.3 \times CD - 3.23 \times TH - 8.75 \times TCI - 86.82 \times LAI + 0.15 \times SD \times CD - 1.2 \times 10^{-3} \times SD \times TH + 0.01 \times SD \times TCI - 0.15 \times SD \times LAI + 4.99 \times CD \times TH - 148.2 \times CD \times TCI - 175.66 \times CD \times LAI - 0.17 \times TH \times TCI + 4.16 \times TH \times LAI + 216 \times TCI \times LAI - 8.1 \times 10 - 6 \times SD^2$$

$-42.11 \times CD^2 + 0.03 \times TH^2 - 8.72 \times TCI^2 - 7.7LAI^2$

重度低效：

$SWBI = 10.06 - 0.02 \times SD - 204.57 \times CD + 11.1 \times TH + 82.16 \times TCI - 12.8 \times LAI - 0.26 \times SD \times CD + 0.01 \times SD \times TH + 0.09 \times SD \times TCI - 0.01 \times SD \times LAI - 33.87 \times CD \times TH + 52.87 \times CD \times TCI + 13.02 \times CD \times LAI - 8.83 \times TH \times TCI - 0.32 \times TH \times LAI + 7.46 \times TCI \times LAI - 1.8 \times 10 - 5 \times SD^2 + 578.67 \times CD^2 + 0.63 \times TH^2 - 52.25 \times TCI^2 + 1.13 \times LAI^2$

（4）轻度低效刺槐林林分结构优化可通过林分密度-树高（SD-TH）、林分密度-叶面积指数（SD-LAI）、林分密度-冠幅（SD-CA）关系模型方程进行调控，适宜林分密度为 1698 株·hm^{-2}。各主要林分结构指标优化的关系模型方程分别为：

$$TH_{轻} = 10.355 + \frac{-1588.929}{SD_{轻}}$$

$$LAI_{轻} = 3.796 + \frac{-2610.064}{SD_{轻}}$$

$$CA_{轻} = -31.065 + 5.287 \times \ln(SD_{轻})$$

（5）中度低效刺槐林林分结构优化可通过林分密度-树高（SD-TH）、林分密度-郁闭度（SD-CD）、林分密度-林木竞争指数（SD-TCI）、林分密度-角尺度（SD-AS）关系模型方程进行调控，适宜林分密度为 1529 株·hm^{-2}。各主要林分结构指标优化的关系模型方程分别为：

$$TH_{中} = 5.048 \times 10^{-10} \times SD_{中}^3 - 4.2 \times 10^{-6} \times SD_{中}^2 + 0.01 \times SD_{中} + 1.331$$

$$CD_{中} = 1.296 \times 10^{-11} \times SD_{中}^3 - 1.009 \times 10^{-7} \times SD_{中}^2 + 3.93 \times 10^{-4} \times SD_{中} + 0.219$$

$$TCI_{中} = 8.441 \times 10^{-8} \times SD_{中}^2 + 5 \times 10^{-4} \times SD_{中} + 0.981$$

$$CA_{中} = 0.0379 \times SD_{中}^{0.3715}$$

（6）重度低效刺槐林林分密度-树高（SD-TH）、林林分密度-郁闭度（SD-CD）、林分密度-林木竞争指数（SD-TCI）、林分密度-叶面积指数（SD-LAI）关系模型方程进行调控，适宜林分密度为 1529 株·hm^{-2}。对应的关系模型方程分别为：

$$TH_{重} = 7.896 + \frac{-1219.711}{SD_{重}}$$

$$CD_{重} = -4.054 \times 10^{-8} \times SD_{重}^2 + 0.0003 \times SD_{重} + 0.2292$$

$$TCI_{重} = 2.83 \times 10^{-7} \times SD_{重}^2 - 2 \times 10^{-4} \times SD_{重} + 1.1928$$

$$LAI_{重} = -1.076 \times 10^{-7} \times SD_{重}^2 + 1.6 \times 10^{-3} \times SD_{重} + 0.024$$

（7）轻度低效、中度低效、重度低效三种低效等级中的林分密度均存过高或过低的两极分化不合理情况。对于高林分密度类型低效刺槐林，其林分结构配置优化可通过调控林分密度进行优化，建议采取择伐和渐伐改造措施来降低林分密度，从而控制其余林分结构指标处于合理的范围内。对于低林分密度类型低效刺槐林，其林分结构配置优化亦可通过调控林分密度进行优化，宜采用更替补植改造措施营造针阔混交林，混交方式可因地制宜选择乔木混交、乔木与中小乔木混交、乔灌混交和综合混交，最终实现林分结构配置的合理化和水土保持功能的提升。

参 考 文 献

毕华兴, 李笑吟, 李俊, 等, 2007. 黄土区基于土壤水平衡的林草覆被率研究[J]. 林业科学, 43(4): 17–23.

曹小玉, 李际平, 封尧, 等, 2015. 杉木生态公益林林分空间结构分析及评价[J]. 林业科学, (7): 37–48.

柴宗政, 2016. 基于相邻木关系的森林空间结构量化评价及 R 语言编程实现[D]. 杨凌: 西北农林科技大学.

常译方, 2018. 晋西黄土区典型林地土壤水分特征及模拟[D]. 北京: 北京林业大学.

常译方, 毕华兴, 徐华森, 等, 2015. 晋西黄土区不同密度刺槐林对土壤水分的影响[J]. 水土保学报, 29(6): 227–232.

陈进军, 张忠友, 杨春齐, 2009. 试论低效林的涵义及类型划分[J]. 四川林业科技, 30(6): 98–101.

陈学群, 1995. 不同密度 30 年生马尾松林生长特征与林分结构的研究[J]. 福建林业科技, (S1): 40–43.

楚春晖, 余济云, 陈冬洋, 2015. 基于 SOM 神经网络的五指山市森林健康评价[J]. 中南林业科技大学学报, 35(10): 69–73.

崔君君, 2019. 黄龙山松栎混交林生态系统结构与健康评价[D]. 杨凌: 西北农林科技大学.

董三孝, 2004. 渭北沟壑区人工刺槐林根系生长、分布与地上生长的关系[J]. 西北林学院学报, 19(3): 4–6.

段晨宇, 2017. 黄土高原植被对土壤储水量和土壤干层的影响[D]. 杨凌: 西北农林科技大学.

樊登星, 余新晓, 2016. 北京山区栓皮栎林优势种群点格局分析[J]. 生态学报, 36(02): 46–53.

费皓柏, 2016. 地质低效林评价指标体系改造模式研究——以福寿国有林场为例[D] 长沙: 中南林业科技大学.

冯磊, 王治国, 孙保平, 等, 2012. 黄土高原水土保持功能的重要性评价与分区[J]. 中国水土保持科学, 10(04): 16–21.

高成德, 余新晓, 2000. 水源涵养林研究综述[J]. 北京林业大学学报, 22(5): 78–82.

谷建才, 2006. 华北土石山区典型区域主要类型森林健康分析与评价[D]. 北京: 北京林业大学.

郭丽玲, 潘萍, 欧阳勋志, 等, 2019. 间伐补植对马尾松低效林生长及林分碳密度的短期影响[J]. 西南林业大学学报(自然科学), 39(3): 48–54.

郭廷栋, 2014. 延安市城郊侧柏林分近自然度评价及其林分配置模式研究[J]. 杨凌: 西北农林科技大学.

郭小平, 朱金兆, 余新晓, 等, 1998. 论黄土高原地区低效刺槐林改造问题[J]. 水土保持研究, 5(4): 77–82.

国家林业局长防办, 2007. 四川省林业勘察设计研究院. 低效林改造技术规程: LY/T1690－2007[S]. 北京: 中国标准出版社: 1–4.

国家林业局西北华北东北防护林建设局, 国家林业局西北林业调查规划设计院, 2017. 退化森林生态系统恢复与重建技术规程: LY/T2651－2016[S]. 北京: 中国标准出版社: 1–4.

黑龙江省森林工业总局质量技术监督局, 黑龙江省林口林业局, 2010. 天然次生低产低效林改培技术规程: LY/T1898－2010[S]. 北京: 中国标准出版社: 1–2.

侯贵荣, 2017. 坝上张北典型杨树人工林恢复重建技术基础研究[D]. 北京: 北京林业大学.

侯贵荣, 毕华兴, 魏曦, 等, 2018. 黄土残塬沟壑区 3 种林地枯落物和土壤水源涵养功能[J]. 水土保持学报, 32(2): 357–363, 371.

侯贵荣, 毕华兴, 魏曦, 等, 2019. 黄土残塬沟壑区刺槐林枯落物水源涵养功能综合评价[J]. 水土保持学报, 32(2): 251–257.

侯庆春, 1991. 黄土高原地区小老树成因及其改造途径的研究, I 小老树的分布及其生长特点[J]. 水土保持学报, 1(5): 62–72.

胡传银, 连光学, 王保英, 等, 2004. 何店小流域水土保持措施蓄水拦沙效益分析[J]. 中国水土保持, (10): 36–37.

黄耀, 2017. 黄土高原油松人工林多功能评价研究[D]. 杨凌: 西北农林科技大学.

惠刚盈, 胡艳波, 徐海, 2007. 结构化森林经营[M]. 北京: 中国林业出版社.

孔凌霄, 毕华兴, 周巧稚, 等, 2018. 晋西黄土区不同立地刺槐林土壤水分动态特征. [J]. 水土保持学报, 32(5): 163–169.

李超然, 温仲明, 李鸣雷, 等, 2017. 黄土丘陵沟壑区地形变化对土壤微生物群落功能多样性的影响[J]. 生态学报, 37(16): 5436–5443.

李江伟, 上官恩华, 2019. 地质低效林评价指标体系及改造模式研究[J]. 农业技术, 39(11): 79–80.

李俊, 2012. 南方集体林区典型林分类型结构特征及生长模型研究[D]. 中南林业科技大学.

李连芳, 韩明跃, 郑畹, 等, 2009. 云南松地质低效林的成因及其分类[J]. 西部林业科学, 38(4): 94–99.

李梁, 张建军, 陈宝强, 等, 2018. 晋西黄土区长期封禁小流域植被群落动态变化[J]. 林业科学, 54(2): 1–9.

李少宁, 鲁韧强, 潘青华, 等, 2008. 北京山地绿化树种引进效果及其土壤保育功能研究[J]. 灌溉排水学报, (6): 83–87.

李铁民, 2000. 太行山地质低效林判定标准[J]. 山西林业科技(3): 1–8, 14.

连振龙, 2008. 黄土丘陵区典型流域植被恢复减沙效益研究[D]. 北京: 中国科学院·教育部水土保持与生态环境研究中心.

刘丽, 2009. 林地覆盖雷竹林退化特征及土壤改良研究[D]. 北京: 中国林业科学研究院.

刘荣, 王迪海. 2015. 运用 3 种方法计算永寿县黄土区刺槐人工林抚育间伐量. 林业科技通讯, (08): 22–25.

刘韶辉, 2010. 湖南会同亚热带次生阔叶林群落特征及种间关系研究[D]. 长沙: 中南林业科技大学.

刘晓瞳, 戴兴安, 胡婷, 等, 2017. 基于 1 公顷样地的上海崇明岛人工林草本植物多样性及其对林冠结构的响应[J]. 生态学杂志, 36(6): 1564–1569.

刘自强, 余新晓, 贾国栋, 等, 2016. 北京山区侧柏和栓皮栎的水分利用特征[J]. 林业科学, 52(09), 22–30.

刘自强, 余新晓, 贾国栋, 等, 林业科学, 2018. 北京山区侧柏利用水分来源对降水的响应[J]. 54(07), 16–23.

吕婧娴, 王得祥, 2010. 小陇山林区不同密度油松人工林林下物种多样性研究[J]. 西北农林科技大学学报, 38(11): 49–55.

吕勇, 汪新良, 饶兴旺, 等, 2000. 低质低效次生林改造技术的研究[J]. 林业资源管理, 6: 30–36.

吕勇, 臧颢, 万献军, 等, 2012. 基于林层指数的青椆混交林林层结构研究[J]. 林业资源管理, (3): 81–84.

罗晓华, 何成元, 刘兴国, 等, 2004. 国内低效林研究综述[J]. 四川林业科技, 25(2): 31–36.

马履一, 李春义, 王希群, 等, 2007. 不同强度间伐对北京山区油松生长及其林下植物多样性的影响[J]. 林业科学, 43(5): 1–8.

明曙东, 粟星宏, 顾扬传, 等, 2016. 毛竹天然混交林空间结构特征研究[J]. 世界竹藤通讯, (5): 1–6.

牟慧生, 2012. 不同经营措施对华北落叶松人工林结构和生长的影响[D]. 保定: 河北农业大学.

聂力, 2008. 东钱湖区域森林生态系统健康评价研究[D]. 上海: 华东师范大学.

欧阳志云, 王如松, 赵景柱, 1999. 生态系统服务功能及其生态经济价值评价[J]. 应用生态学报, 10(5): 635–640.

彭瑞东, 毕华兴, 郭孟霞, 等, 2019. 晋西黄土区苹果大豆间作系统果树遮阴强度的时空分布[J]. 中国水土保持科学, 17(02): 60–69.

任成杰, 2018. 黄土高原植被–土壤协同恢复效应及微生物响应机理[D]. 杨凌: 西北农林科技大学.

茹豪, 2015. 晋西黄土区典型林地水文特征及功能分析[D]. 北京: 北京林业大学.

茹桃勤, 李吉跃, 张克勇, 等, 2005. 国外刺槐(*Robinia pseudoacacia*)研究[J]. 西北林学院学报, 20(3): 102–107.

沈国舫, 1975. 第三讲–合理结构[J]. 林业通讯科技: 20–21.

宋光, 温仲明, 郑颖, 等, 2013. 陕北黄土高原刺槐植物功能性状与气象因子的关系[J]. 水土保持研究, (03): 125–130.

宋小帅, 康峰峰, 韩海荣, 等, 2014. 太岳山不同郁闭度油松人工林枯落物及土壤水文效应[J]. 水土保持通报, 34(3): 102–108.

苏宇, 何瑞, 尹海峰, 等, 2019. 开窗补植银木对柏木低效林分生态化学计量特征的影响[J]. 生态学报, 39(2): 590–598.

宿以明, 慕长龙, 潘攀, 等, 2003. 岷江上游辽东栎天然次生林生物量测定[J]. 南京林业大学学报(自然科学版), 27(6): 107–109.

孙云霞, 2019. 北京市延庆区地质低效林现状及改造技术[J]. 现代农业科技, 7: 129–131.

汤孟平, 2010. 森林空间结构研究现状与发展趋势[J]. 林业科学, (1): 117–122.

汤旭, 郑洁, 冯彦, 等, 2018. 云南省县域森林生态安全评价与空间分析[J]. 浙江农林大学学报, 35(4): 684–694.

唐效蓉, 李午平, 邓国宁, 等, 2005. 施肥与抚育间伐对马尾松天然次生林土壤肥力的影响[J]. 湖南林业科技, (5): 23–26.

王百田, 2001. 黄土半干旱地区油松与侧柏林分适宜土壤含水量研究[J]. 水土保持学报, 16(1): 80–83.

王斌瑞, 1987. 吉县黄土残塬沟壑区刺槐林密度研究[J]. 北京林业大学学报, 5(3): 6–10.

王斌瑞, 1996. 黄土高原径流林业[M]. 北京: 中国林业出版社.

王兵, 2016. 生态连清理论在森林生态系统服务功能评估中的实践[J]. 中国水土保持科学, 14(1): 1–11.

王宏翔, 2017. 天然林林分空间结构的二阶特征分析[D]. 北京: 中国林业科学研究院.

王洪成, 2016. 亚布力国家森林公园森林景观格局分析及生态评价[D]. 哈尔滨: 东北林业大学.

王礼先, 1998. 林业生态工程学[M]. 北京: 中国林业出版社.

王礼先, 张志强, 1998. 森林植被变化的水文生态效应研究进展[J]. 世界林业研究, (6): 14–22.

王力, 邵明安, 李裕元, 2004. 陕北黄土高原人工刺槐林生长与土壤干化的关系研究[J]. 林业科学, 40(1): 84–91.

王宁, 毕华兴, 孔凌霄, 等, 2019. 晋西黄土区不同密度刺槐林地土壤水分补偿特征[J]. 水土保持学报, 33(4): 255–262.

王前, 蒲凌奎, 姚爱静, 等, 2014. 北京八达岭国家森林公园森林健康评价[J]. 福建林业科技, 41(4): 83–88.

王威, 2012. 北京山区水源涵养林结构与功能耦合关系研究[D], 北京: 北京林业大学.

王香春, 2011. 内蒙古大青山华北落叶松人工林直径分布规律与生长模型的研究[D]. 呼和浩特: 内蒙古农业大学.

王亚蕊, 2016. 基于土壤水分植被承载力的叠叠沟小流域植被优化配置[J]. 北京: 中国林业科学研究院.

王志强, 刘宝元, 路炳军, 2003. 黄土高原半干旱区土壤干层水分恢复研究[J]. 生态学报, 23(9): 1944–1950.

王智勇, 董希斌, 张甜, 等, 2018. 抚育间伐强度对落叶松天然次生林林分结构及健康的影响[J]. 东北林业大学学报, 46(11), 1–7.

魏天兴, 2010. 小流域防护林适宜覆盖率与植被盖度的理论分析[J]. 干旱区资源与环境, 24(2), 170–176.

魏曦, 2018. 晋西黄土区典型人工林分结构与水土保持功能耦合关系研究[D]. 北京: 北京林业大学.

魏曦, 毕华兴, 梁文俊, 2017. 基于 Gash 模型对华北落叶松和油松人工林冠层截留的模拟[J]. 中国水土保持科学, (6): 27–33.

夏江宝, 杨吉华, 李红云, 等, 2004. 山地森林保育土壤的生态功能及其经济价值研究——以山东省济南市南部山区为例[J]. 水土保持学报, (2): 97–100.

熊樱, 2013. 延安城郊刺槐人工林健康评价及其林分结构配置研究[D]. 杨凌: 西北农林科技大学.

徐化成, 范兆飞, 王胜, 1994. 兴安落叶松原始林林木空间格局的研究[J]. 生态学报, (2): 155–160.

徐梅, 2013. 徐州侧柏人工林健康评价研究[D]. 南京: 南京林业大学.

徐秀琴, 杨敏生, 2006. 刺槐资源的利用现状[J]. 河北林业科技, (s1): 54–57.

许俊丽, 2018. 基于群落结构、更新能力及土壤质量的上海市森林健康评价研究[D]. 上海: 华东师范大学.

薛建辉, 吴永波, 方升佐, 2003. 退耕还林工程区困难立地植被恢复与生态重建[J]. 南京林业大学学报(自然科学版), 27(6): 84–88.

杨春雪, 侯绍梅, 刘东兰, 等, 2016. 基于 GIS 的将乐林场森林健康评价[J]. 中南林业科技大学学报, 36(4): 51–55.

杨宁, 2010. 衡阳紫色土丘陵坡地自然恢复植被特征及恢复模式构建[D]. 长沙: 湖南农业大学.

姚爱静, 2014. 晋西黄土区人工刺槐林植被结构分析[J]. 国际沙棘研究与开发, (1): 39–45.

尤文忠, 赵刚, 张慧东, 等, 2015. 抚育间伐对蒙古栎次生林生长的影响[J]. 生态学报, 35(1): 56–64.

余坤勇, 刘健, 黄维友, 等, 2007. 生态公益林体系空间配置研究进展[J]. 林业勘察设计, 1: 18–22.

余新晓, 2016. 森林植被–土壤–大气连续体水分传输过程与机制[M]. 北京: 科学出版社.

余新晓, 王彦辉, 王玉杰, 等, 2014. 中国典型区域森林生态水文过程与机制[M]. 北京. 科学出版社.

余新晓, 吴岚, 饶良懿, 等, 2008. 水土保持生态服务功能价值估算[J]. 中国水土保持科学(01): 83–86.

岳永杰, 余新晓, 李钢铁, 等, 2009. 北京松山自然保护区蒙古栎林的空间结构特征[J]. 应用生态学报, 20(8), 1811–1816.

曾思齐, 欧阳君祥, 2002. 马尾松地质低效次生林分类技术研究[J]. 中南林学院学报, 22(2): 12–16, 57.

张锋, 2010. 黄土丘陵沟壑区植被恢复区节肢动物群落特惠总能及时空动态研究[D]. 杨凌: 西北农林科技大学.

张建军, 毕华兴, 魏天兴, 2002. 晋西黄土区不同密度林分的水土保持作用研究[J]. 北京林业大学学报, 24(3): 50–53.

张建军, 贺维, 纳磊, 2007. 黄土区刺槐和油松水土保持林合理密度的研究[J]. 中国水土保持科学, 5(2): 55–59.

张劲峰, 2011. 滇西北亚高山退化森林生态系统特征及恢复对策研究[D]. 昆明: 云南大学.

张晶晶, 2010. 渭北黄土高原刺槐林健康评价研究[D]. 杨凌: 西北农林科技大学.

张静, 温仲明, 李鸣雷, 等, 2018. 外来物种刺槐对土壤微生物功能多样性的影响[J/OL]. 生态学报(14): 1–10.

张宇, 2010. 不同密度华北落叶松人工林径阶结构及水土保持功能的研究[D]. 保定: 河北农业大学.

赵芳, 李雪云, 赖国桢, 等, 2016. 飞播马尾松林不同林下植被类型枯落物及土壤水文效应[J]. 中国水土保持科学, 14(4): 26–33.

赵匡记, 汪加魏, 施侃侃, 等, 2014. 北京市西山林场游憩林抚育的森林健康评价[J]. 中南林业科技大学学报, 34(10): 65–69.

赵良平, 2007. 燕山山地森林植被恢复与重建理论和技术研究[D]. 南京: 南京林业大学.

赵兴凯, 李增尧, 朱清科, 2019. 陕北黄土区具干表土层的极陡坡绿化技术研究[J]. 应用基础与工程科学学报, 27(2): 312–320.

赵洋溢, 段旭, 舒树淼, 等, 2020. 云南磨盘山森林结构与生态水文功能[M]. 北京: 中国林业出版社.

赵耀, 王百田, 2018. 晋西黄土区不同林地植物多样性研究[J]. 北京林业大学学报, v. 40(09): 45–54.

赵中华, 惠刚盈, 胡艳波, 等, 2016. 角尺度判断林木水平分布格局的新方法[J]. 林业科学, (2): 10–16

中国林业科学研究院资源信息研究所, 国家林业局造林绿化管理司, 2017. 低效林改造技术规程: LY/T1690－2017[S]. 北京: 中国标准出版社: 1–12.

周斌, 2018. 五台山林区低效林改造模式探讨[J]. 山西林业, (1): 26–27.

周立江, 2004. 低效林评判与改造途径的探讨[J]. 四川林业科技, 25(1): 16–21.

周巧稚, 毕华兴, 孔凌霄, 等, 2018. 晋西黄土区不同密度刺槐林枯落物层水文生态功能研究[J]. 水土保持学报, 32(4): 1–7.

朱朵菊, 温仲明, 张静, 等, 2018. 外来物种刺槐对黄土丘陵区植物群落功能结构的影响[J]. 应用生态学报(02): 459–466.

朱金兆, 1995. 水土保持林体系综合效益研究与评价[M]. 北京: 中国科学技术出版社.

朱宇, 刘兆刚, 金光泽, 2013. 大兴安岭天然落叶松林单木健康评价[J]. 应用生态学报, 24(5): 1320–1328.

Agren G I, 2004. The C:N:P stoichiometry of autotrophs—theory and observations [J]. Ecology Letters, 7(3):185–191.

Assal T J, Anderson P J, Sibold J, 2016. Spatial and temporal trends of drought effects in a heterogeneous semi—arid forest ecosystem [J]. Forest Ecology and Management. 365: 137–151.

Attarod P, Sadeghi S M M, Pypker T G et al., 2015. Needle leaved trees impacts on rainfall interception and canopy storage capacity in an arid environment [J]. New Forests, 46(3): 339–355.

Bao T Q, 2011. Effect of mangrove forest structures on wave attenuation in coastal Vietnam [J]. Oceanologia, 53(3): 807–818.

Béland M, Lussier J M, Bergeron Y et al., 2003. Structure, spatial distribution and competition in mixed jack pine (Pinus banksiana) stands on clay soils of eastern Canada [J]. Annals of Forest Science, 60(7): 609–617.

Bettinger P, Tang M, 2015. Tree level harvest optimization for structure–based forest management based on the species mingling index [J]. Forests, 6(4): 1121–1144.

Biondi F, Myers D E, Avery C C, 1994. Geostatistically modeling stem size and increment in an old–growth forest [J]. Canadian Journal of Forest Research, 24(7): 1354–1368.

Bormann F H, Likens G E, 1979. Pattern and process in a forest ecosystem: disturbance, development, and the steady state based on the Hubbard Brook ecosystem study [New Hampshire] [J]. Science, 205: 1369–1370.

Brown G S, 1965. Point density in stems per acre [J]. New Zealand forestry research notes, Forest research institute.

Brudvig L A, 2011. The restoration of biodiversity: where has research been and where does it need to go [J]. Journal of Botany, 98: 549–558.

Cao S X, Chen L, Yu X X, 2009. Blackwell Publishing Ltd Impact of China's Grain for Green Project on the landscape of vulnerable arid and semi-arid agricultural regions: a case study in northern Shaanxi Province [J]. Journal of Applied Ecology, 46, 536–543.

Carles C, Jorge D C, Jordi V et al., 2015. Point processes statistics of stable isotopes: analysing water uptake patterns in a mixed stand of Aleppo pine and Holm oak [J]. Forest Systems, 24(1): e009,13.

Carnegie A J, 2007. Forest health condition in New South Wales, Australia, 1996–2005. II. Fungal damage recorded in eucalypt plantations during forest health surveys and their management [J]. Australasian Plant Pathology, 36(3): 225–239.

Chang Y F, Bi H X, Ren Q F et al., 2017. Soil Moisture Stochastic Model in Pinus tabuliformis Forestland on the Loess Plateau, China [J]. Water, 9, 354.

Chen L D, Huang Z L, Gong J et al., 2007. The effect of land cover/vegetation on soil water dynamic in the hilly area of the loess plateau, China [J]. Catena, 70, 200–208.

Chen Y P, Wang K B, Lin Y H et al., 2015. Balancing green and grain trade [J]. Nature Geoscience, 8, 739–741.

Cheng G D, Li X, Zhao W Z et al., 2014. Integrated study of the water-ecosystem-economy in the Heihe River Basin [J]. National Science Review, 1, 413–428.

Chi D K, Wang H, Li X B et al., 2018. Estimation of the ecological water requirement for natural vegetation in the Ergune River basin in Northeastern China from 2001 to 2014 [J]. Ecological Indicators, 92, 141–150.

Corral-Rivas J J, Wehenkel C, Castellanos-Bocaz H A et al., 2010. A permutation test of spatial randomness: application to nearest neighbour indices in forest stands [J]. Journal of forest research, 15(4): 218–225.

Costanza R, Norton B G, Haskell B D, 1992. Ecosystem health:new goals for environmontal management [C]. Washington D C:Island Press.

Cumming A B, Twardus D B, Nowak D J, 2008. Urban forest health monitoring: large-scale assessments in the United States [J]. Arboriculture & Urban Forestry, 34(6): 341–346.

Danso S K A, Zapata F, Awonaike K O, 1995. Measurement of biological N2 fixation in field-grown Robinia pseudoacacia L[J]. Soil Biology & Biochemistry, 27(s4–5): 415–419.

Dash J P, Watt M S, Pearse G D et al., 2017. Assessing very high resolution UAV imagery for monitoring forest health during a simulated disease outbreak [J]. International Journal of Photogrammetry & Remote Sensing, 131: 1–14.

Deng L, ShangGuan Z P, Li R, 2012. Effects of the grain-for-green program on soil erosion in China [J].

International Journal of Sediment Research, 27, 120–127.

Ferris R, Humphrey J, 1999. A review of potential biodiversity indicators for application in British forests [J]. Forestry, 72(4): 313–328.

Ficheva E N M, Sv G K, 2000. Organic accumulation and microbial action in surface coal-mine spoils, Pernik, Bugaria[J]. Ecological Engineering, 15(2): 1–15.

Fisher R A, Corbet A S, Williams C B, 1943. The relation between the number of species and the number of individuals in a random sample of an animal population [J]. The Journal of Animal Ecology, 42–58.

Gadow V K, Hui G Y, 2002. Characterizing forest spatial structure and diversity [J]. W: Bjoerk L. Sustainable forestry in temperate regions. Materiały konferencyjne IUFRO, Lund, 20–30.

García-Ruiz J M, 2010. The effects of land uses on soil erosion in Spain: a review [J]. Catena, 81, 1–11.

Gash J, 1979. An analytical model of rainfall interception by forests [J]. Quarterly Journal of the Royal Meteorological Society, 105(443): 43–55.

Ghalandarayeshi S, Nord-Larsen T, Johannsen V K et al., 2017. Spatial patterns of tree species in Suserup Skov—a semi-natural forest in Denmark [J]. Forest Ecology and Management, 406:391–401.

González de Andrés E, Camarero J J, Blanco J A et al., 2018. Tree-to-tree competition in mixed European beech-Scots pine forests has different impacts on growth and water-use efficiency depending on site conditions [J]. Journal of Ecology, 106(1): 59–75.

Goodburn J M, Lorimer C G, 1998. Cavity trees and coarse woody debris in old-growth and managed northern hardwood forests in Wisconsin and Michigan [J]. Canadian Journal of Forest Research,28(3): 427–438.

Gower S T, McMurtrie E R, Murty D, 1996. Aboveground net primary production decline with stand age: potential causes [J]. Trends in Ecology & Evolution, 11(9): 378–382.

Guendehou G H S, Liski J, Tuomi M et al., 2013. Test of validity of a dynamic soil carbon model using data from leaf litter decomposition in a West African tropical forest[J]. Geoscientific Model Development Discussions, 6(2):3003–3032.

Guo H, Wang B, Ma X et al., 2008. Evaluation of ecosystem services of Chinese pine forests in China [J].Science in China series Series C: Life Sciences, 51(7): 662–670.

Güsewell S, Jewell P L, Edwards P J, 2005. Effects of heterogeneous habitat use by cattle on nutrient availability and litter decomposition in soils of an Alpine pasture [J]. Plant and Soil, 268(1):135–149.

Hegyi F A, 1974. simulation model for managing jack-pine stands [J]. Growth models for tree and stand simulation, 30:74–90.

Holmes M J, Reed D D, 1991. Competition indices for mixed species northern hardwoods [J]. Forest Science 137:1338–1349,131

Holmgren J, Nilsson M, Olsson H, 2003. Estimation of tree height and stem volume on plots using airborne laser scanning [J]. Forest Science, 49(3): 419–428.

Hou G R, Bi H X, Cui Y H et al., 2020. Optimal configuration of stand structures in a low-efficiency Robinia pseudoacacia forest based on a comprehensive index of soil and water conservation ecological benefits [J]. Ecological Indicators, 114, 106308. https://doi.org/10.1016/j.ecolind.2020.106308.

Hou G R, Bi H X, Wang N et al., 2019. Optimizing the stand density of low-efficiency Robinia pseudoacacia forests of the Loess Plateau, China, based on the response relationship of stand density to soil water and soil nutrient resources [J]. Forests, 10, 663.

Hou G R, Bi H X, Wei X et al., 2018. Response of Soil Moisture to Single-Rainfall Events under Three Vegetation Types in the Gully Region of the Loess Plateau [J]. Sustainability, 10, 3793.

Iroshani I, Hemachandra J P, Edirisinghe W A et al., 2014. Diversity and distribution of termite assemblages in montane forests in the Knuckles Region, Sri Lanka[J]. International Journal of Tropical Insect Science, 34(1):41–52.

Iwasa Y, Cohen D, Leon J A, 1985. Tree height and crown shape, as results of competitive games [J]. Journal of Theoretical Biology, 112(2): 279–297.

Jian S Q, Zhao C Y, Fang S M et al., 2015. Effects of different vegetation restoration on soil water storage and water balance in the Chinese Loess Plateau [J]. Agricultural Forest & Meteorology, 206, 85–96.

Kimmins J P, 1996. Forest Ecology [M]. New York, USA: Macmillan Inc.

Kubota Y, Kubo H, Shimatani K, 2007. Spatial pattern dynamics over 10 years in a conifer/broadleaved forest, northern Japan [J]. Plant Ecology, 190(1): 143–157.

Kuuluvainen T, Mäki J, Karjalainen L et al., 2002. Tree age distributions in old-growth forest sites in Vienansalo wilderness, eastern Fennoscandia [J]. age, 169–184.

Lausch A, Erasmi S, King D J et al., 2017. Understanding Forest Health with Remote Sensing-Part II—A Review of Approaches and Data Models [J]. Remote Sensing, 9(129).

Leopold J C, 1997. Getting a handle on ecosystem health [J]. Science, 276: 887.

Li Y F, Hui G Y, Zhao Z H et al., 2012. The bivariate distribution characteristics of spatial structure in natural Korean pine broad-leaved forest [J]. Journal of Vegetation Science, 23: 1180–1190.

Liu Z Q, Jia G D, Yu X X, 2020. Variation of water uptake in degradation agroforestry shelterbelts on the North China Plain [J]. Agriculture, Ecosystems & Environment, 287, 106697.

Liu Z Q, Yu X X, Jia G D et al., 2017. Contrasting water sources of evergreen and deciduous tree species in rocky mountain area of Beijing, China [J]. Catena, 150:108–115.

Liu Z Q, Yu X X, Jia G D, 2019. Water uptake by coniferous and broad-leaved forest in a rocky mountainous area of northern China [J]. Agricultural and Forest Meteorology, 265:381–389.

Liu Z Q, Yu X X, Jia G D, 2018a. Water utilization characteristics of typical vegetation in the rocky mountain area of Beijing, China [J]. Ecological Indicators, 91, 249–258.

Liu Z Q, Yu X X, Jia G D et al., 2018b. Water consumption by an agroecosystem with shelter forests of corn and Populus in the North China Plain [J]. Agriculture, Ecosystems & Environment, 265(10),178–189.

Loehle C, Idso C, Wigley T B, 2016. Physiological and ecological factors influencing recent trends in United States forest health responses to climate change [J]. Forest Ecology and Management, 363: 179–189.

Loydi A, Lohse K, Otte A et al., 2014. Distribution and effects of tree leaf litter on vegetation composition and biomass in a forest-grassland ecotone [J]. Journal of Plant Ecology, 7(3): 264–275.

Mabvurira D, Maltamo M, Kangas A, 2002. Predicting and calibrating diameter distributions of Eucalyptus grandis (Hill) Maiden plantations in Zimbabwe [J]. New Forests, 23(3): 207–223.

Maltamo M, Eerikäinen K, Pitkänen J et al., 2004. Estimation of timber volume and stem density based on scanning laser altimetry and expected tree size distribution functions [J]. Remote Sensing of Environment, 90(3): 319–330.

Mason D B, Takashi G, Jack J P, 2007. Structures Linking Physical and Biological Processes in Headwater Streams of the Mavbeso Watershed, Southeast Alaska [J]. Forest Science, 53(2): 371–384.

Mason W, Quine C, 1995. Silvicultural possibilities for increasing structural diversity in British spruce forests: the case of Kielder Forest [J]. Forest Ecology and Management, 79(1–2): 13–28.

Mcpherson E G, 1993. Monitoring urban forest health [J]. Environmental Monitoring & Assessment, 26(2–3): 165–174.

Mcpherson E G, Nowak D, Heisler G, et al., 1997. Quantifying urban forest structure,function, and value: the Chicago Urban Forest Climate Project [J]. Urban Ecosystems, 1(1):49–61.

Mei X M, Zhu Q K, Ma L et al., 2018. The spatial variability of soil water storage and its controlling factors during dry and wet periods on loess hillslopes [J]. Catena, 162: 333–344.

Meng K, Garcia-Fayos P, Hu S et al., 2016. The effect of Robinia pseudoacacia afforestation on soil and vegetation properties in the Loess Plateau (China): A chronosequence approach [J]. Forest Ecology and Management, 375, 146–158.

Mercer D, Miller R, 1997. Socioeconomic research in agroforestry: progress, prospects, priorities [J]. Agroforestry Systems, 38, 177–193.

Michaels A F, 2003. The ratios of life [J]. Science, 300(5621): 906–907.

Michez A, Piegay H, Lisein J et al., 2016. Classification of riparian forest species and health condition using multi-temporal and hyperspatial imagery from unmanned aerial system [J]. Environmental Monitoring & Assessment, 188(3): 1–19.

Nagaike T, Hayashi A, Abe M et al., 2003. Differences in plant species diversity in Larix kaempferi plantations of different ages in central Japan [J]. Forest ecology and management, 183(1): 177–193.

Niklas K J, Owens T, Reich P B, Cobb E D, 2005. Nitrogen/phosphorus leaf stoichiometry and the scaling of plant growth [J]. Ecology Letters, 8(6): 636–642.

Nishimura N, Hara T, Miura M et al., 2003. Tree competition and species coexistence in a warm-temperate old-growth evergreen broad-leaved forest in Japan [J]. Plant Ecology, 164(2): 235–248.

Nobusawa Y, Murakami K, Kitamura T et al., 2010. Field observation and laboratory test for nutrient release reduction from bottom sediments with sand capping at yokohama port [J]. Journal of Coastal Engineering Jsce, 56(1):1181–1185.

Nowak D J, Hoehn R E, Bodine A R et al., 2016. Urban forest structure, ecosystem services and change in Syracuse, NY [J]. Urban Ecosystems, 19(4): 1455–1477.

Ogée J, Brunet Y, 2002. A forest floor model for heat and moisture including a litter layer [J]. Journal of Hydrology, 255(1): 212–233.

Ozdemir I, Karnieli A, 2011. Predicting forest structural parameters using the image texture derived from WorldView-2 multispectral imagery in a dryland forest, Israel [J]. International Journal of Applied Earth Observation and Geoinformation, 13(5): 701–710.

Percy K E, Ferretti M, 2004. Air pollution and forest health: toward new monitoring concepts [J].

Environmental Pollution, 130 (1): 113–126.

Petrere J M, 1985. The variance of the index (R) of aggregation of Clark and Evans[J]. Oecologia, 68(1):158.

Pitkänen S, 1997. Correlation between stand structure and ground vegetation: an analytical approach [J]. Plant Ecology, 131(1): 109–126.

Pommerening A, 2002. Approaches to quantifying forest structures [J]. Forestry: An International Journal of Forest Research, 75(3): 305–324.

Pommerening A, 2006. Evaluating structural indices by reversing forest structural analysis [J]. Forest Ecology and Management, 224(3): 266–277.

Racine E B, Coops N C, St-Onge B et al., 2014. Estimating forest stand age from LiDAR-derived predictors and nearest neighbor imputation [J]. Forest Science, 60(1): 128–136.

Ramovs B, Roberts M, 2003. Understory vegetation and environment responses to tillage, forest harvesting, and conifer plantation development [J]. Ecological Applications, 13(6): 1682–1700.

Rogers P C, O'Connell B, Mwang'Ombe J et al., 2008. Forest Health Monitoring In the Ngangao Forest, Taita Hills, Kenya: A Five Year Assessment Of Change [J]. Journal of East African Natural History, 97(Jan 2008): 3–17.

Rozas V, 2015. Individual-based approach as a useful tool to disentangle the relative importance of tree age, size and inter-tree competition in dendroclimatic studies [J]. iForest-Biogeosciences and Forestry, 8(2): 187.

Sonam K B, Arya V et al., 2017. Lichens as Key Indicators of Forest Health in Sauni-Binsar Grove, Kumaun Himalaya, India [J]. Indian Journal of Ecology, 44(3): 654–657.

Stan A B, Maertens T B, Daniels L D et al., 2017. Reconstructing Population Dynamics of Yellow-Cedar in Declining Stands: Baseline Information from Tree Rings [J]. Tree-Ring Research, 67(Jan 2011): 13–25.

Thormann M N, 2006. Lichens as indicators of forest health in Canada [J]. Forestry Chronicle, 82(335): 335–343.

Tim W, 2008. A review of the outcomes of a decade of forest health surveillance of state forests in Tasmania [J]. Australian Forestry, 71(3): 254–260.

Tkacz B, Moody B, Castillo J V et al., 2008. Forest health conditions in North America [J]. Environmental Pollution, 155(3): 409–425.

Vítková M, Müllerová J, Sádlo J et al., 2017. Black locust (*Robinia pseudoacacia*) beloved and despised: A story of an invasive tree in Central Europe [J]. Forest Ecology and Management, 384, 287–302.

Waltz A E M, Fulé P Z, Covington W W et al., 2003. Diversity in ponderosa pine forest structure following ecological restoration treatments [J]. Forest science, 49(6): 885–900.

Wang G L, Liu F, Xue S, 2017. Nitrogen addition enhanced water uptake by affecting fine root morphology and coarse root anatomy of Chinese pine seedlings [J]. Plant and Soil, 418: 177–189.

Wang J, Watts D B, Wu F et al., 2016. Soil water infiltration impacted by maize (Zea mays L.) growth on sloping agricultural land of the Loess Plateau [J]. Journal of Soil and Water Conservation, 71(4): 301–309.

Wang J J, Bi H X, Sun Y B et al., 2018. The improved canopy shading model based on the apple intercropping system in the Loess Plateau [J]. Sustainability, 10, 3486.

Wang S, Fu B J, Chen H B et al., 2018. Regional development boundary of China's Loess Plateau: Water limit and land shortage [J]. Land Use Policy, 6, 1019–1022.

Wang X H, Wang B T, Xu X Y, 2019. Effects of large-scale climate anomalies on trends in seasonal precipitation over the Loess Plateau of China from 1961 to 2016 [J]. Ecological Indicators, 107, 105643.

Wang Y, Zhu Q K, Zhao W J et al., 2016. The dynamic trend of soil water content in artificial forests on the Loess Plateau, China [J]. Forests, 7, 236, 1–16.

Waning R H, Schlesinger W H, 1985. Forest ecosystems: Concepts and management [M]. New York: Academic Press:181–210.

Wei W, Chen L D, Fu B J et al., 2010. Water erosion response to rainfall and land use in different drought-level years in a loess hilly area of China [J]. Catena, 81(1), 24–31.

Wei X, Bi H X, Liang W J et al., 2019. Multifactor relationships between stand structure and soil and water conservation functions of Robinia pseudoacacia L. in the Loess Region [J]. PLoS ONE, 14(7): e0219499.

Wei X, Bi H X, Liang W J et al., 2018. Relationship between Soil Characteristics and Stand Structure of Robinia pseudoacacia L. and Pinus tabulaeformis Carr. Mixed Plantations in the Caijiachuan Watershed: An Application of Structural Equation Modeling [J]. Forests, 9(3): 124.

Weibull W A., 1951. Statistical Distribution Function of Wide Applicability [J]. Journal of Applied Mechanics, 13(2): 293–297.

Wells M L, Getis A, 1999. The spatial characteristics of stand structure in Pinus torreyana [J]. Plant Ecology, 143(4):153–170.

Whelan M, Anderson J, 1996. Modelling spatial patterns of throughfall and interception loss in a Norway spruce (Picea abies) plantation at the plot scale [J]. Journal of Hydrology, 186(1–4): 335–354.

White R M, Young J, Marzano M et al., 2018. Prioritising stakeholder engagement for forest health, across spatial, temporal and governance scales, in an era of austerity [J]. Forest Ecology and Management, 417: S976446636.

Xi W M, Wang F G, Shi P L et al., 2014. Challenges to Sustainable Development in China: A Review of Six Large-Scale Forest Restoration and Land Conservation Programs [J]. Journal of Sustainable Forestry, 33: 5, 435–453.

Xin Z B, Yu B F, Han Y G, 2015. Spatiotemporal variations in annual sediment yield from the middle yellow river, China, 1950–2010 [J]. Journal of Hydrologic Engineering, 20, 04014090.

Yang K J, Lu C H, 2018. Evaluation of land-use change effects on runoff and soil erosion of a hilly basin—the Yanhe River in the Chinese Loess Plateau [J]. Land Degradation and Development, 29, 1211–1221.

Yang S, Li Y H, Gao Z L et al., 2017. Runoff and Sediment Reduction Benefit of Hedgerows and Fractal Characteristics of Sediment Particles on Loess Plateau Slope of Engineering Accumulation [J]. Transactions of the Chinese Society for Agricultural Machinery, 8.

Yazvenko S, Rapport D J, 1996. A framework for assessing forest ecosystemhealth [J]. Ecosystem Health,45(2):40–51.

Youngblood A, Max, T, Coe K, 2004. Stand structure in eastside old-growth ponderosa pine forests of Oregon and northern California [J]. Forest Ecology and Management, 199(2): 191–217.

Zhang H D, Wei W, Chen L D et al., 2016. Effects of terracing on soil water and canopy transpiration of Chinese pine plantation in the Loess Plateau, China [J]. Hydrology and Earth Systems Science Discussion, 1–30.

Zhang J H, Sen N, 2013. Study of Satisfaction of Forestry Right Reform and the Will of Forestry Management [J]. Information Technology Journal, 12(21): 6281–6284.

Zhao X K, Li Z Y, Robeson M D et al., 2018. Application of erosion-resistant fibers in the recovery of vegetation on steep slopes in the Loess Plateau of China [J]. Catena, 160: 233–241.

Zhao X K, Li Z Y, Zhu D H et al., 2018. Revegetation using the deep planting of container seedlings to overcome the limitations associated with topsoil desiccation on exposed steep earthy road-slopes in the semi-arid loess region of China [J]. Land Degradation Development, 29(9): 2797–2807.

Zhao X K, Li Z Y, Zhu Q K et al., 2017. Climatic and drought characteristics in the loess hilly-gully region of China from 1957 to 2014 [J]. PLoS ONE, 12(6): e0178701.

Zirlewagen D，Raben G,Weise M, 2007. Zoning of forest health conditions based on a set of soil topographic and vegetation parameters[J]. Forest Ecology ＆ Management, 248(1/2): 43–55.

附　　录

附表　样地基本信息

样地编号	坡度（°）	坡向	海拔（m）	林分密度（株·hm^{-2}）	郁闭度
刺槐林 1	26	阴坡	1140	500	0.49
刺槐林 2	21	半阴坡	1140	550	0.41
刺槐林 3	16	半阴坡	990	600	0.38
刺槐林 4	25	半阳坡	1110	600	0.57
刺槐林 5	21	半阴坡	1150	650	0.41
刺槐林 6	39	半阳坡	1160	650	0.43
刺槐林 7	26	阴坡	1140	700	0.63
刺槐林 8	22	半阳坡	1100	700	0.46
刺槐林 9	25	半阴坡	1190	725	0.44
刺槐林 10	35	半阳坡	1150	725	0.45
刺槐林 11	28	阴坡	1110	725	0.46
刺槐林 12	32	阳坡	1060	750	0.47
刺槐林 13	30	阳坡	1210	800	0.54
刺槐林 14	23	半阳坡	1100	800	0.47
刺槐林 15	22	半阴坡	1190	800	0.52
刺槐林 16	39	半阳坡	1150	800	0.51
刺槐林 17	35	半阴坡	1060	850	0.49
刺槐林 18	39	半阴坡	1160	900	0.61
刺槐林 19	15	半阳坡	1120	900	0.48
刺槐林 20	22	阳坡	1190	900	0.51
刺槐林 21	30	半阴坡	1150	900	0.48
刺槐林 22	28	半阳坡	1110	900	0.59
刺槐林 23	18	阳坡	1120	900	0.49
刺槐林 24	33	半阴坡	1150	925	0.71
刺槐林 25	23	半阴坡	1140	950	0.51
刺槐林 26	45	半阴坡	1160	950	0.52
刺槐林 27	25	半阳坡	1110	1000	0.54
刺槐林 28	15	半阴坡	1120	1000	0.53
刺槐林 29	16	阳坡	1190	1000	0.54
刺槐林 30	33	阳坡	1190	1000	0.54
刺槐林 31	16	半阳坡	960	1000	0.54
刺槐林 32	36	半阳坡	1220	1025	0.53

样地编号	坡度（°）	坡向	海拔（m）	林分密度（株·hm^{-2}）	郁闭度
刺槐林 33	23	半阴坡	1140	1050	0.55
刺槐林 34	21	半阴坡	1150	1060	0.57
刺槐林 35	26	阳坡	990	1100	0.77
刺槐林 36	39	半阴坡	1160	1100	0.51
刺槐林 37	15	半阴坡	1120	1100	0.74
刺槐林 38	15	半阳坡	1130	1100	0.72
刺槐林 39	33	半阴坡	1150	1100	0.74
刺槐林 40	21	半阳坡	1140	1100	0.55
刺槐林 41	22	半阴坡	1190	1100	0.56
刺槐林 42	22	半阳坡	1190	1100	0.72
刺槐林 43	27	半阴坡	1190	1100	0.57
刺槐林 44	27	半阴坡	1190	1100	0.71
刺槐林 45	27	半阳坡	1170	1100	0.56
刺槐林 46	33	阳坡	1190	1100	0.73
刺槐林 47	33	阳坡	1020	1100	0.71
刺槐林 48	24	半阳坡	1130	1100	0.54
刺槐林 49	39	半阳坡	1130	1100	0.56
刺槐林 50	35	半阳坡	1140	1100	0.73
刺槐林 51	26	半阳坡	1110	1100	0.57
刺槐林 52	32	阴坡	1140	1100	0.55
刺槐林 53	24	半阴坡	1190	1125	0.54
刺槐林 54	35	半阴坡	1150	1150	0.72
刺槐林 55	32	半阴坡	1210	1150	0.65
刺槐林 56	15	半阳坡	1100	1200	0.57
刺槐林 57	15	半阴坡	1160	1200	0.47
刺槐林 58	22	半阴坡	1190	1200	0.61
刺槐林 59	15	半阳坡	1130	1200	0.58
刺槐林 60	25	半阳坡	1130	1200	0.71
刺槐林 61	25	阳坡	1130	1200	0.58
刺槐林 62	27	半阴坡	1170	1200	0.59
刺槐林 63	22	半阴坡	1170	1200	0.71
刺槐林 64	22	半阳坡	1170	1200	0.61
刺槐林 65	24	半阴坡	1130	1200	0.65
刺槐林 66	28	半阴坡	1150	1200	0.58
刺槐林 67	33	半阴坡	1150	1225	0.71
刺槐林 68	24	半阳坡	1120	1250	0.57
刺槐林 69	20	半阴坡	1130	1300	0.51
刺槐林 70	33	阳坡	1160	1300	0.76
刺槐林 71	22	半阴坡	1020	1300	0.63
刺槐林 72	25	阳坡	1120	1300	0.62
刺槐林 73	25	阳坡	1120	1300	0.68

样地编号	坡度（°）	坡向	海拔（m）	林分密度（株·hm^{-2}）	郁闭度
刺槐林 74	20	半阴坡	1120	1300	0.59
刺槐林 75	22	半阳坡	1150	1300	0.68
刺槐林 76	22	阳坡	1150	1300	0.62
刺槐林 77	28	半阴坡	1150	1300	0.69
刺槐林 78	35	半阴坡	1140	1325	0.58
刺槐林 79	23	阳坡	1060	1350	0.69
刺槐林 80	35	半阴坡	1060	1350	0.58
刺槐林 81	32	半阳坡	1060	1355	0.7
刺槐林 82	32	半阴坡	1210	1375	0.69
刺槐林 83	30	阳坡	1210	1400	0.62
刺槐林 84	33	阳坡	1160	1400	0.71
刺槐林 85	24	半阴坡	1140	1400	0.67
刺槐林 86	20	半阴坡	1120	1400	0.62
刺槐林 87	20	半阴坡	1140	1400	0.61
刺槐林 88	20	半阴坡	1140	1400	0.65
刺槐林 89	24	半阳坡	1150	1400	0.62
刺槐林 90	24	半阴坡	1150	1400	0.62
刺槐林 91	39	半阴坡	1130	1400	0.62
刺槐林 92	18	半阳坡	1130	1400	0.62
刺槐林 93	21	半阳坡	1120	1400	0.65
刺槐林 94	23	半阴坡	1140	1425	0.61
刺槐林 95	24	半阳坡	1120	1450	0.63
刺槐林 96	22	半阴坡	1180	1500	0.53
刺槐林 97	33	阳坡	1160	1500	0.67
刺槐林 98	15	半阳坡	1140	1500	0.63
刺槐林 99	15	阳坡	1140	1500	0.63
刺槐林 100	33	半阳坡	1020	1500	0.63
刺槐林 101	21	阳坡	1020	1500	0.63
刺槐林 102	16	半阳坡	960	1500	0.63
刺槐林 103	22	半阴坡	1150	1515	0.61
刺槐林 104	33	半阴坡	1150	1575	0.63
刺槐林 105	25	半阴坡	1120	1600	0.81
刺槐林 106	34	阴坡	1220	1600	0.69
刺槐林 107	22	半阴坡	1190	1600	0.41
刺槐林 108	16	半阴坡	1150	1600	0.47
刺槐林 109	15	半阳坡	1180	1600	0.66
刺槐林 110	15	阴坡	1180	1600	0.64
刺槐林 111	26	半阴坡	1180	1600	0.65
刺槐林 112	26	半阳坡	1180	1600	0.64
刺槐林 113	24	半阴坡	1160	1600	0.65
刺槐林 114	24	半阳坡	1160	1600	0.67

样地编号	坡度（°）	坡向	海拔（m）	林分密度（株·hm⁻²）	郁闭度
刺槐林 115	16	半阳坡	1160	1600	0.59
刺槐林 116	21	阳坡	1020	1600	0.66
刺槐林 117	21	阳坡	990	1600	0.67
刺槐林 118	21	半阳坡	990	1600	0.66
刺槐林 119	22	半阳坡	990	1600	0.59
刺槐林 120	30	半阴坡	1140	1600	0.64
刺槐林 121	30	半阳坡	1150	1600	0.63
刺槐林 122	18	阳坡	1120	1600	0.64
刺槐林 123	32	半阴坡	1210	1625	0.63
刺槐林 124	35	阳坡	1220	1655	0.64
刺槐林 125	35	半阳坡	1060	1675	0.63
刺槐林 126	15	半阴坡	1100	1700	0.71
刺槐林 127	20	半阳坡	1130	1700	0.56
刺槐林 128	34	阴坡	1220	1700	0.58
刺槐林 129	26	半阴坡	1210	1700	0.65
刺槐林 130	24	半阳坡	1120	1700	0.66
刺槐林 131	24	半阳坡	1190	1735	0.67
刺槐林 132	35	半阴坡	1180	1750	0.67
刺槐林 133	34	阴坡	1220	1800	0.63
刺槐林 134	22	半阴坡	1190	1800	0.44
刺槐林 135	23	半阴坡	1210	1800	0.66
刺槐林 136	23	半阳坡	1220	1800	0.67
刺槐林 137	16	半阳坡	1160	1800	0.67
刺槐林 138	16	半阳坡	1190	1800	0.66
刺槐林 139	35	半阳坡	1140	1800	0.68
刺槐林 140	21	半阳坡	960	1800	0.59
刺槐林 141	35	半阴坡	1150	1850	0.68
刺槐林 142	23	阴坡	1180	1900	0.73
刺槐林 143	23	半阳坡	1220	1900	0.68
刺槐林 144	26	半阳坡	1150	1900	0.59
刺槐林 145	26	半阳坡	1110	1900	0.68
刺槐林 146	26	半阴坡	1150	2000	0.61
刺槐林 147	22	半阳坡	990	2050	0.68
刺槐林 148	26	阳坡	1210	2150	0.63
刺槐林 149	22	半阳坡	1150	2155	0.59
刺槐林 150	23	半阳坡	1210	2250	0.65
刺槐林 151	26	半阴坡	1140	2300	0.67
刺槐林 152	18	半阳坡	1130	2350	0.67
刺槐林 153	30	阴坡	1220	2360	0.67
刺槐林 154	30	半阴坡	1220	2365	0.59
刺槐林 155	35	半阴坡	1210	2400	0.68

样地编号	坡度（°）	坡向	海拔（m）	林分密度（株·hm⁻²）	郁闭度
刺槐林 156	34	阴坡	1220	2400	0.65
刺槐林 157	21	半阳坡	1190	2400	0.66
刺槐林 158	34	半阳坡	1200	2400	0.67
刺槐林 159	24	阴坡	1220	2450	0.59
刺槐林 160	15	半阴坡	1120	2500	0.64
刺槐林 161	27	半阴坡	1190	2500	0.55
刺槐林 162	31	半阳坡	1200	2500	0.78
刺槐林 163	31	半阴坡	1200	2500	0.78
刺槐林 164	26	阳坡	1130	2500	0.77
刺槐林 165	21	半阴坡	960	2500	0.77
刺槐林 166	23	半阳坡	960	2500	0.76
刺槐林 167	30	阳坡	1210	2505	0.57
刺槐林 168	16	半阴坡	990	2565	0.67
刺槐林 169	15	半阴坡	1120	2600	0.58
刺槐林 170	31	半阳坡	1120	2600	0.76
刺槐林 171	26	半阳坡	1130	2600	0.79
刺槐林 172	22	半阴坡	1180	2650	0.45
刺槐林 173	30	半阴坡	1190	2650	0.61
刺槐林 174	26	半阳坡	1140	2655	0.61
刺槐林 175	26	阳坡	990	2700	0.64
刺槐林 176	31	阴坡	1120	2700	0.79
刺槐林 177	32	半阴坡	1180	2750	0.67
刺槐林 178	20	半阴坡	1130	2750	0.59
刺槐林 179	25	半阴坡	1120	2800	0.71
刺槐林 180	33	阳坡	1120	2800	0.82
刺槐林 181	27	半阴坡	1190	2856	0.7
刺槐林 182	30	半阴坡	1190	2900	0.67
刺槐林 183	23	阴坡	1180	2900	0.58
刺槐林 184	33	半阳坡	1120	2900	0.82
刺槐林 185	33	阳坡	1160	2900	0.83
刺槐林 186	22	半阳坡	1120	2950	0.72
刺槐林 187	34	半阴坡	1190	2965	0.67
刺槐林 188	31	半阳坡	1190	3000	0.68
刺槐林 189	35	半阴坡	1220	3025	0.61
刺槐林 190	31	半阳坡	1190	3200	0.63
刺槐林 191	15	半阴坡	1120	3250	0.69
刺槐林 192	22	半阳坡	1110	3300	0.87
刺槐林 193	24	阳坡	1160	3400	0.87
刺槐林 194	22	半阳坡	1120	3500	0.79
刺槐林 195	24	半阳坡	1160	3500	0.87
油松林地 1	30	半阳坡	1150	600	0.58

续表

样地编号	坡度（°）	坡向	海拔（m）	林分密度（株·hm^{-2}）	郁闭度
油松林地 2	28	半阳坡	1140	600	0.78
油松林地 3	28	半阳坡	1140	600	0.78
油松林地 4	30	半阳坡	1150	700	0.66
油松林地 5	30	半阳坡	1150	700	0.63
油松林地 6	30	半阳坡	1150	700	0.66
油松林地 7	30	半阳坡	1150	800	0.61
油松林地 8	26	半阴坡	1150	900	0.61
油松林地 9	35	阴坡	1130	1100	0.82
油松林地 10	35	阴坡	1130	1100	0.74
油松林地 11	28	半阳坡	1140	1100	0.81
油松林地 12	35	阴坡	1130	1100	0.74
油松林地 13	28	半阳坡	1140	1100	0.81
油松林地 14	35	阴坡	1130	1200	0.77
油松林地 15	26	半阴坡	1150	1200	0.54
油松林地 16	26	半阴坡	1150	1200	0.54
油松林地 17	26	半阴坡	1150	1300	0.64
油松林地 18	26	半阴坡	1150	1300	0.64
油松林地 19	35	阴坡	1130	1400	0.87
油松林地 20	35	阴坡	1130	1400	0.87
油松林地 21	28	半阳坡	1140	1600	0.71
油松林地 22	26	半阳坡	1150	1600	0.59
油松林地 23	28	半阳坡	1140	1600	0.71
油松林地 24	28	半阳坡	1140	1800	0.76
油松林地 25	28	半阳坡	1140	1800	0.76
刺槐×油松混交林 1	23	半阴坡	1120	1000	0.75
刺槐×油松混交林 2	23	半阴坡	1120	1000	0.71
刺槐×油松混交林 3	18	半阳坡	1110	1100	0.73
刺槐×油松混交林 4	18	半阳坡	1110	1100	0.71
刺槐×油松混交林 5	23	半阴坡	1120	1500	0.66
刺槐×油松混交林 6	23	半阴坡	1120	1500	0.69
刺槐×油松混交林 7	18	半阳坡	1110	1600	0.68
刺槐×油松混交林 8	21	阴坡	1130	1600	0.79
刺槐×油松混交林 9	18	半阳坡	1110	1600	0.68
刺槐×油松混交林 10	21	阴坡	1130	1600	0.79
刺槐×油松混交林 11	23	半阴坡	1120	1700	0.77
刺槐×油松混交林 12	23	半阴坡	1120	1700	0.81
刺槐×油松混交林 13	18	半阳坡	1110	1900	0.78
刺槐×油松混交林 14	18	半阳坡	1110	1900	0.79
刺槐×油松混交林 15	18	半阳坡	1110	2000	0.73
刺槐×油松混交林 16	18	半阳坡	1110	2000	0.75
刺槐×油松混交林 17	23	半阴坡	1120	2300	0.70

样地编号	坡度（°）	坡向	海拔（m）	林分密度（株·hm^{-2}）	郁闭度
刺槐×油松混交林 18	23	半阴坡	1120	2300	0.72
刺槐×油松混交林 19	21	阴坡	1130	2900	0.81
刺槐×油松混交林 20	21	阴坡	1130	2900	0.85
刺槐×油松混交林 21	21	阴坡	1130	3400	0.87
刺槐×油松混交林 22	21	阴坡	1130	3400	0.89
刺槐×油松混交林 23	21	阴坡	1130	4400	0.87
刺槐×油松混交林 24	21	阴坡	1130	4400	0.85
山杨×栎类次生林 1	23	半阴坡	1060	600	0.67
山杨×栎类次生林 2	21	阴坡	960	700	0.55
山杨×栎类次生林 3	21	阴坡	960	900	0.59
山杨×栎类次生林 4	23	半阴坡	1060	900	0.68
山杨×栎类次生林 5	21	阴坡	960	1100	0.64
山杨×栎类次生林 6	18	阴坡	1060	1400	0.67
山杨×栎类次生林 7	23	半阴坡	1060	1400	0.63
山杨×栎类次生林 8	23	半阴坡	1060	1600	0.71
山杨×栎类次生林 9	21	阴坡	960	1900	0.61
山杨×栎类次生林 10	18	阴坡	1060	2000	0.62
山杨×栎类次生林 11	18	阴坡	1060	2500	0.59
山杨×栎类次生林 12	18	阴坡	1060	2600	0.56

后 记

不同区域森林经营目标不同，其生态主导功能亦不同。在黄土高原地区，生态主导功能为水土保持功能。因此，对低效林判别及其类型和等级划分依据主要以水土保持功能为导向，这与以往低效林判别及其类型和等级划分研究稍有差别。在未来的研究中建议增加土地生产力、林分蓄积量、森林碳汇等重要生态功能进行低效林改造研究。

目前关于低效林的低效成因研究过于分散，或集中于宏观尺度、或集中于微观层面，未能全面地揭示低效林成因机制。建议未来的研究中将宏观和微观尺度进行结合，全面揭示低效林的低效成因机制。

需要说明的是，我们对可调控林分结构因子优化配置未能进行长时间尺度的进行验证，而是以空间代替时间的方法，选取符合林分结构优化目标的现有林分计算水土保持综合效益（SWBI）对其进行验证，虽然结果表明相对误差（APE）<10%通过验证，但建议在未来的研究中对林分结构优化配置的优化效果进行时间尺度上的追踪反馈，对林分结构优化配置及时进行改善或更正，最终实现可持续经营。

在进行低效刺槐林林分结构优化配置研究时主要从森林水文的角度考虑水土保持综合功能，但在水土流失较为严重的黄土高原地区，若能直接考虑以林地的水土流失为防控目标来开展低效刺槐林林分结构优化配置研究可能对实际生产中的林分改造更具指导意义。因此，基于我们的研究能力和时间的不足，建议未来黄土高原的低效林研究直接考虑水土流失为目标函数，同时基于立地类型划分的基础上按照幼龄林、中龄林、成熟林和过熟林四种林分状况提出适宜的低效林林分改造措施。